中国地质调查成果 CGS 2024-017
"西部陆海新通道地质安全风险调查评价"项目资助（DD20221813）
"三峡库区城镇危岩崩塌风险减缓技术示范"项目资助（DD20242410）

西南山区重大工程地质安全监测技术手册

XINAN SHANQU ZHONGDA GONGCHENG DIZHI ANQUAN

JIANCE JISHU SHOUCE

杨秀元　潘书华　韩旭东　郭长宝　宋　伟　等编

中国地质大学出版社
ZHONGGUO DIZHI DAXUE CHUBANSHE

图书在版编目(CIP)数据

西南山区重大工程地质安全监测技术手册/杨秀元等编. —武汉:中国地质大学出版社,
2024.10. —ISBN 978-7-5625-5995-5

Ⅰ. P642-62

中国国家版本馆 CIP 数据核字第 202408R660 号

西南山区重大工程地质安全监测技术手册	杨秀元 潘书华 韩旭东	等编
	郭长宝 宋 伟	

责任编辑:唐然坤	选题策划:唐然坤	责任校对:张咏梅

出版发行:中国地质大学出版社(武汉市洪山区鲁磨路388号)			邮编:430074
电 话:(027)67883511	传 真:(027)67883580		E-mail:cbb@cug.edu.cn
经 销:全国新华书店			http://cugp.cug.edu.cn
开本:787mm×1092mm 1/16		字数:262千字	印张:10.25
版次:2024年10月第1版		印次:2024年10月第1次印刷	
印刷:湖北新华印务有限公司			
ISBN 978-7-5625-5995-5			定价:128.00元

如有印装质量问题请与印刷厂联系调换

《西南山区重大工程地质安全监测技术手册》

编委会

主　　编：杨秀元　潘书华　韩旭东　郭长宝　宋　伟

编　　委（按姓氏拼音排）：

陈娟娟　龚业超　郭颖平　李　刚　李阳春
刘建国　刘朋飞　刘秀伟　陆安良　吕中虎
罗靖筠　马　丽　秦　爽　冉　涛　孙秀娟
王春辉　王　飞　王高峰　王　浩　王吉亮
王天良　王　伟　吴瑞安　闫双斌　杨　强
杨志华　张俊义　张晓飞　赵　松

主编单位：中国地质调查局水文地质环境地质调查中心
　　　　　中国地质科学院地质力学研究所
参编单位：中国地质调查局地质环境监测院
　　　　　中国铁路设计集团有限公司
　　　　　中铁二院工程集团有限责任公司
　　　　　长江设计集团有限公司
　　　　　贵州省地质环境监测院
　　　　　重庆市地质环境监测总站
　　　　　重庆市自然资源安全调度中心
　　　　　贵州省地质矿产勘查开发局117地质大队
　　　　　贵州省地质矿产勘查开发局测绘院
　　　　　贵州省黔东南州应急管理局
　　　　　重庆市万州区地质环境监测站

前言

随着我国社会经济的飞速发展，基础建设投入加大，铁路、公路、水电站等工程建设取得了举世瞩目的成绩。截至2023年末，全国铁路营业里程15.9万km，其中高铁4.5万km，全国公路里程543.68万km，全国水电装机容量42 154万kW。在"西部大开发"战略、"一带一路"倡议、"西部陆海新通道"发展的带动下，西部地区基础设施建设突飞猛进。2013年中国最后一个不通公路的县城墨脱通车，2015年贵州省实现了县县通高速，2021年我国首条高原电气化铁路拉（萨）林（芝）铁路开通运营，2022年总装机容量世界第二的白鹤滩水电站全面投产，2023年西部陆海新通道海铁联运班列开行量年内突破9000列。《中华人民共和国国民经济和社会发展第十四个五年规划和2035年远景目标纲要》明确提出实施川藏铁路、西部陆海新通道、国家水网、雅鲁藏布江下游水电开发等重大工程。一系列重大工程在西部复杂艰险山区陆续实施，工程规划、建设和运营全生命周期面临复杂的工程地质问题及前所未有的地质安全风险。

为更好地支撑服务重大工程规划、建设和运营，聚焦西南山区地质环境特点和重大工程全生命周期地质安全风险特征，项目团队结合西部陆海新通道、川藏铁路、长江三峡水利枢纽工程、三峡库区巫山县城建成区等工程领域的地质安全监测实践，集成"西部陆海新通道地质安全风险调查评价"项目和"三峡库区城镇危岩崩塌风险减缓技术示范"项目以及自然资源部三峡库区地质灾害监测预警野外科学观测研究站的地质安全监测技术成果，系统总结以地表形变为主的地质安全监测技术方法，编写形成了《西南山区重大工程地质安全监测技术手册》。本手册由中国地质调查局"国家重大工程规划建设地质安全风险调查评价"工程下属"西部陆海新通道地质安全风险调查评价"项目（DD20221813）和"地质灾害防治技术应用"工程下属"三峡库区城镇危岩崩塌风险减缓技术示范"项目（DD20242410）资助。

编者根据重大工程的特点，从地质安全监测的角度，将其划分为论证规划、勘察设计、工程施工、工程运营4个阶段。针对重大工程实施的不同阶段，分别从方案设计、监测施工、监测运行、监测总结4个监测阶段，阐释了重大工程地质安全监测的监测方法、地质模型、监测模型、预警与处置等方面内容。

本手册由杨秀元牵头编写，共分为13章。第1章绪论主要由杨秀元、郭长宝完成，梳理了地质安全和地质安全风险等核心释义，明确了重大工程地质安全监测的对象、特点和意义、基本原则、流程等内容。第2章至第6章主要由杨秀元、郭长宝完成，分阶段阐述了地质安全监测各阶段的工作内容和方法。第7章主要由杨秀元、潘书华、韩旭东、宋伟完成，介绍了地质安全监测的技术方法。第8章主要由潘书华、杨秀元完成，介绍了地质安全监测的土建施工及监测仪器设备安装。第9章主要由杨秀元完成，介绍了滑坡（边坡）的监测技术与

· I ·

方法。第 10 章主要由潘书华完成，介绍了崩塌的监测技术与方法。第 11 章主要由韩旭东、潘书华完成，介绍了泥石流的监测技术与方法。第 12 章主要由韩旭东完成，介绍了地面塌陷的监测技术与方法。第 13 章主要由宋伟完成，介绍了地裂缝的监测技术与方法。潘书华对文字进行了整体编排。本手册是集体智慧的结晶，由中国地质调查局水文地质环境地质调查中心（简称水环中心）、中国地质科学院地质力学研究所牵头编写，水利水电、铁路交通及地方自然资源、应急管理等部门专业技术人员参与了手册编写，自然资源部行业专家对手册编写给予了技术指导。手册编写大量引用了地质工程领域的标准、规范、手册和专著，参考了众多同行的研究成果，得到了同行单位的支持，得到了单位领导、工程首席、同行专家的指导和帮助。杨秀元、潘书华、韩旭东、郭长宝、宋伟、王春辉、郭颖平、张晓飞、孙秀娟等项目团队主要成员，感谢水环中心王洪德、高幼龙等专家对项目的支持和帮助，感谢各界人士长久以来的关心。由于本书参考资料来源较广，特别是相关论坛的图片无法找到原始来源，故文献精确引用存在一定困难，在此对涉及内容的著作权者一并表示歉意和衷心感谢。

本手册作为中国地质调查项目成果集成，可为地质灾害和重大工程地质安全监测提供指导与参考，亦可作为地质工程相关专业技术人员和学生的学习实践辅助教材。

编　者

2024 年 7 月

目 录

1 绪 论 (1)
　1.1 地质安全和地质安全风险 (1)
　　1.1.1 核心释义 (1)
　　1.1.2 相关释义 (1)
　1.2 重大工程及其地质安全监测对象 (2)
　　1.2.1 重大工程定义 (2)
　　1.2.2 重大工程类型 (2)
　　1.2.3 重大工程的阶段划分 (3)
　　1.2.4 地质安全监测对象 (3)
　　1.2.5 西南地区主要地质安全风险 (4)
　1.3 地质安全监测的特点和意义 (4)
　　1.3.1 地质安全监测的特点 (4)
　　1.3.2 地质安全监测的意义 (5)
　1.4 重大工程地质安全监测的基本原则 (5)
　　1.4.1 正确认识地质安全风险原则 (5)
　　1.4.2 技术可行经济合理原则 (5)
　　1.4.3 重大工程地质安全监测部署原则 (6)
　　1.4.4 选择仪器的基本原则 (6)
　1.5 重大工程地质安全监测的流程 (6)

2 监测实施前阶段 (8)
　2.1 了解服务需求 (8)
　2.2 确定监测目的 (8)
　2.3 确定监测对象 (9)
　2.4 确定监测等级 (9)

3 监测方案设计阶段 (12)
　3.1 资料分析与踏勘 (12)
　　3.1.1 监测靶区资料收集 (12)

  3.1.2 已有资料分析 ……………………………………………………… (13)
  3.1.3 现场踏勘 …………………………………………………………… (14)
  3.1.4 补充调查 …………………………………………………………… (14)
 3.2 地质模型建立 ……………………………………………………………… (16)
  3.2.1 建立地质模型的意义 ……………………………………………… (16)
  3.2.2 地质模型包含的内容 ……………………………………………… (16)
  3.2.3 建立地质模型的方法 ……………………………………………… (17)
 3.3 监测模型设计 ……………………………………………………………… (17)
  3.3.1 监测内容及方法 …………………………………………………… (17)
  3.3.2 监测仪器设备的选择 ……………………………………………… (17)
  3.3.3 监测模型包含的内容 ……………………………………………… (18)
 3.4 监测系统设计 ……………………………………………………………… (19)
  3.4.1 数据采集系统 ……………………………………………………… (19)
  3.4.2 数据传输系统 ……………………………………………………… (19)
  3.4.3 数据(存储)分析系统 ……………………………………………… (20)
  3.4.4 数据发布平台 ……………………………………………………… (21)

4 监测施工阶段 ………………………………………………………………………… (22)

 4.1 施工组织 …………………………………………………………………… (22)
 4.2 监测施工 …………………………………………………………………… (22)
  4.2.1 监测施工具体工作 ………………………………………………… (22)
  4.2.2 监测预警平台功能 ………………………………………………… (22)
 4.3 施工监理 …………………………………………………………………… (24)
  4.3.1 土建施工分部工程 ………………………………………………… (24)
  4.3.2 仪器设备安装分部工程 …………………………………………… (24)
  4.3.3 系统平台建设监理 ………………………………………………… (25)
 4.4 校验与验收 ………………………………………………………………… (25)
  4.4.1 监测点位校验 ……………………………………………………… (26)
  4.4.2 监测仪器设备校验 ………………………………………………… (26)
  4.4.3 土建工程验收 ……………………………………………………… (26)
  4.4.4 仪器设备验收 ……………………………………………………… (27)

5 监测运行阶段 ………………………………………………………………………… (28)

 5.1 系统运行维护 ……………………………………………………………… (28)
  5.1.1 监测仪器设备运行维护 …………………………………………… (28)
  5.1.2 传输网络运行维护 ………………………………………………… (28)
  5.1.3 系统平台运行维护 ………………………………………………… (28)

5.2 人工巡查巡检 ··· (29)
　　　　5.2.1 宏观变形巡查 ··· (29)
　　　　5.2.2 监测设施巡检 ··· (30)
　　5.3 监测数据维护 ··· (30)
　　　　5.3.1 数据完整性检查 ·· (30)
　　　　5.3.2 异常数据处置 ··· (30)
　　　　5.3.3 存储空间维护 ··· (30)
　　5.4 预警与处置 ·· (32)
　　　　5.4.1 预警规则调整 ··· (32)
　　　　5.4.2 趋势初判 ··· (34)
　　　　5.4.3 预警信息处置 ··· (34)
　　　　5.4.4 预警响应与应对 ·· (35)

6 监测总结阶段 ·· (36)
　　6.1 监测质量评价 ··· (36)
　　　　6.1.1 监测设施质量评价 ··· (36)
　　　　6.1.2 系统运行质量评价 ··· (36)
　　　　6.1.3 数据质量评价 ··· (36)
　　　　6.1.4 质量管理工作 ··· (37)
　　6.2 趋势分析研判 ··· (38)
　　　　6.2.1 分析研判内容 ··· (38)
　　　　6.2.2 宏观变形分析 ··· (38)
　　　　6.2.3 监测数据分析 ··· (38)
　　　　6.2.4 总体趋势研判 ··· (39)
　　6.3 后期工作建议 ··· (39)
　　6.4 成果的汇交与归档 ·· (40)
　　　　6.4.1 监测成果提交 ··· (40)
　　　　6.4.2 监测成果归档 ··· (40)

7 监测技术方法 ·· (41)
　　7.1 形变监测 ··· (41)
　　　　7.1.1 绝对位移监测 ··· (41)
　　　　7.1.2 相对位移监测 ··· (53)
　　　　7.1.3 地面倾斜监测 ··· (58)
　　　　7.1.4 加速度监测 ·· (60)
　　　　7.1.5 深部位移监测 ··· (60)
　　7.2 应力监测 ··· (63)

· V ·

  7.2.1 岩土体压力计(压力盒) ……………………………………………………… (64)
  7.2.2 锚索(杆)测力计 ………………………………………………………………… (64)
  7.2.3 光纤光栅压力计 ………………………………………………………………… (65)
 7.3 应变监测 …………………………………………………………………………………… (66)
  7.3.1 应变计监测 ……………………………………………………………………… (66)
  7.3.2 分布式光纤监测 ………………………………………………………………… (67)
 7.4 地下水监测 ………………………………………………………………………………… (68)
 7.5 震动监测 …………………………………………………………………………………… (68)
  7.5.1 微震监测 ………………………………………………………………………… (68)
  7.5.2 次声监测 ………………………………………………………………………… (69)
  7.5.3 地面震动监测 …………………………………………………………………… (70)
 7.6 声发射监测 ………………………………………………………………………………… (70)
 7.7 环境因素监测 ……………………………………………………………………………… (71)
  7.7.1 降水(雨、雪) …………………………………………………………………… (72)
  7.7.2 水位 ……………………………………………………………………………… (72)
  7.7.3 流量(流速) ……………………………………………………………………… (72)

8 土建与安装 …………………………………………………………………………………… (74)

 8.1 土建施工基本要求 ………………………………………………………………………… (74)
 8.2 监测仪器设备安装基本要求 ……………………………………………………………… (75)
  8.2.1 仪器设备安装通用要求 ………………………………………………………… (75)
  8.2.2 形变监测仪器 …………………………………………………………………… (75)
  8.2.3 压力监测仪器 …………………………………………………………………… (84)
  8.2.4 应变监测仪器 …………………………………………………………………… (88)
  8.2.5 微震监测仪器 …………………………………………………………………… (89)
  8.2.6 水力学监测仪器 ………………………………………………………………… (91)
  8.2.7 其他监测仪器 …………………………………………………………………… (94)

9 滑坡(边坡)监测 ……………………………………………………………………………… (97)

 9.1 滑坡(边坡)的分类与地质模型 …………………………………………………………… (97)
  9.1.1 边坡的类型 ……………………………………………………………………… (97)
  9.1.2 边坡的破坏 ……………………………………………………………………… (98)
  9.1.3 滑坡及其形变要素 ……………………………………………………………… (100)
  9.1.4 滑坡地质结构特征 ……………………………………………………………… (102)
  9.1.5 滑坡的静态力学特征 …………………………………………………………… (102)
  9.1.6 滑坡(边坡)地质模型 …………………………………………………………… (105)
 9.2 滑坡(工程边坡)的常用监测方法 ………………………………………………………… (106)

		9.2.1 滑坡(边坡)的监测内容	(106)
		9.2.2 滑坡(边坡)常用的监测技术方法	(107)
	9.3	滑坡(边坡)的监测模型	(110)
	9.4	滑坡(边坡)监测中的注意事项	(112)

10 崩塌监测 (114)

- 10.1 崩塌的分类与地质模型 (114)
  - 10.1.1 崩塌的基本特征 (114)
  - 10.1.2 崩塌的结构形态 (115)
  - 10.1.3 崩塌的破坏类型 (115)
  - 10.1.4 崩塌的地质模型 (115)
- 10.2 崩塌的常用监测技术方法 (117)
  - 10.2.1 监测内容 (117)
  - 10.2.2 监测技术方法 (119)
  - 10.2.3 监测布置 (120)
- 10.3 崩塌的监测模型 (121)

11 泥石流监测 (123)

- 11.1 泥石流的分类 (123)
- 11.2 泥石流的常用监测方法 (125)
  - 11.2.1 监测内容 (125)
  - 11.2.2 监测技术方法 (126)
- 11.3 泥石流的监测网布设 (127)

12 地面塌陷监测 (129)

- 12.1 地面塌陷的分类及地质特征 (129)
  - 12.1.1 地面塌陷类型 (129)
  - 12.1.2 地面塌陷地质特征 (130)
- 12.2 地面塌陷的监测要点 (133)
  - 12.2.1 岩溶塌陷监测要点 (133)
  - 12.2.2 采空塌陷监测要点 (134)
- 12.3 地面塌陷的监测 (135)
  - 12.3.1 岩溶塌陷监测 (135)
  - 12.3.2 采空塌陷监测 (137)

13 地裂缝监测 (140)

- 13.1 地裂缝的地质结构与分类 (140)

  13.1.1 地质结构 …………………………………………………………………… (140)
  13.1.2 地裂缝分类 ………………………………………………………………… (140)
  13.1.3 动力成因 …………………………………………………………………… (140)
  13.1.4 发育阶段 …………………………………………………………………… (142)
 13.2 地裂缝的监测要点 ……………………………………………………………… (144)
  13.2.1 地裂缝监测模型构建 ……………………………………………………… (144)
  13.2.2 监测数据特点与数据处理 ………………………………………………… (144)
  13.2.3 监测成果显示与地裂缝灾害危险性分区划分 …………………………… (144)
 13.3 地裂缝的监测 …………………………………………………………………… (144)
  13.3.1 监测内容 …………………………………………………………………… (144)
  13.3.2 监测布设 …………………………………………………………………… (145)

参考文献 ………………………………………………………………………………… (147)

1 绪 论

1.1 地质安全和地质安全风险

1.1.1 核心释义

地质安全：是指人民生命财产和工程活动等免受地质灾害及其他不良地质作用威胁的状态，即现有经济技术条件下与地质作用相关的灾害风险可接受状态。

地质安全风险：是指由地质灾害及其他不良地质作用对人民生命财产和工程活动产生不利影响的概率和严重程度的量度。

地质灾害：本手册所述地质灾害定义源于《地质灾害防治条例》（中华人民共和国国务院令第394号），包括自然因素或者人为活动引发的危害人民生命和财产安全的山体崩塌、滑坡、泥石流、地面塌陷、地裂缝、地面沉降等与地质作用有关的灾害。

不良地质作用：是指由地球内力或外力作用和人为活动而产生的对人民生命财产和工程活动可能造成危害的地质作用。不良地质作用主要包括：崩塌、滑坡、泥石流、地面塌陷、地裂缝、地面沉降等地质灾害，以及地震、火山活动、活动构造、海岸侵蚀、地下工程突水突泥、岩爆、高温热害、特殊岩土、地下水位升降、水土环境异常等。

工程地质问题：是指工程规划建设与运营过程中引发的或可能遭受的各类地质灾害及其他不良地质作用，主要包括崩塌、滑坡、泥石流、地面塌陷、地裂缝、地面沉降、地震、活动构造、地下工程突水突泥、岩爆、高温热害、特殊岩土、冰崩、冰湖溃决泥石流等。

地质灾害链：本手册中特指在重力失稳过程中具有灾种转化特征的地质灾害。

地质安全监测：是指为了防范和应对由地质灾害及其他不良地质作用对人民生命财产和工程活动产生的不利影响而借助技术设备开展的监测活动。主要对地质灾害体及其他不良地质作用地表与深部变形破坏、相关因素、宏观前兆等指标进行测量和观测。本手册中的地质安全监测主要对由地表形变引发的地质安全问题进行监测，不包含地震、火山和突水突泥、岩爆、高温热害、毒害气体等。

1.1.2 相关释义

滑坡：受自然、人为因素影响，地质体在重力作用下沿地质软弱面向临空方向的滑移运动。本手册中特指可能产生重力滑移运动的地质体和重力滑移运动后的堆积体。

崩塌：受自然、人为因素影响，地质体在重力作用下从高陡处脱离并加速向下运动的过程，具有明显的坠落、滚落或跳跃等运动特点。本手册中特指可能发生崩塌的地质体。

泥石流：山区沟谷或坡面在降雨、冰雪融化、堤坝溃决等自然及人为因素作用下发生的一种携带大量泥、沙、石等固体物质的黏稠流体运动。

地面塌陷：地表的岩土体在自然、人为因素作用下发生的向下陷落，并在地面形成凹陷、坑洞的一种动力地质过程与现象。本手册中特指可能或正在发生塌陷活动的地质体。

地面沉降：在自然、人为因素作用下产生地表高程降低的地质现象。本手册中特指可能或正在发生沉降活动的地质体。

地裂缝：地表岩土体在自然、人为因素作用下，产生开裂并在地面形成一定长度和宽度裂缝的地质现象。本手册中特指正在产生开裂的地质体。

工程边坡：指经人为改造形成的或受工程影响的边坡，人工作用使其区别于自然斜坡。本手册中特指可能存在形变或正在发生形变的非自然斜坡。

地质灾害隐患：已查明的地质灾害隐患点或潜在的地质灾害风险斜坡，通常指具有明显变形迹象或调查判别为易发生形变破坏且具有威胁对象的地质体。

承灾体：为受地质灾害威胁对象的统称，包括人口、财产、工程活动、经济活动、公共设施及资源和环境等。

遥感监测：运用高分辨率光学影像、合成孔径雷达干涉测量、无人机和激光雷达测量等遥感技术，获取地质灾害动态变化和活动状态。

监测预警：根据地质安全监测数据和地质灾害生成条件、孕灾机理、成灾模式，结合历史灾害活动规律以及受威胁对象等因素，推测和评估未来一定时期内监测对象的变化发展情况和危险性、影响范围，按照有关规定发出评估结果信息，并要求采取防御举措的过程。

地质模型：是将地质体的岩土结构与力学、形变特征抽象简化的表现形式。

监测模型：是依据监测对象的地质模型和主要影响因素而制订的监测方案，包括监测内容、监测手段、监测点位等主要内容。

1.2　重大工程及其地质安全监测对象

1.2.1　重大工程定义

本手册中定义的重大工程泛指投资规模大的，对政治经济、社会发展、科技进步有重要推动作用的大型公共工程，主要指公路、铁路、水网、电网、大型水利水电工程、运河、储能工程等，包括但不限于以上内容。

1.2.2　重大工程类型

根据工程的投资情况，重大工程可进行以下分类。

(1)国家工程:是指由中央预算投资的重大建设项目,包括尖端项目、各部门和各地区基础建设大中型项目、限额以上更新改造项目和专项项目。

(2)省部级重点工程:是指省、自治区、直辖市、计划单列市重点项目,即省、自治区、直辖市、计划单列市管理的重点建设项目。

(3)市县级重点工程:是指市、县两级政府在资金、政策等方面给予扶持的项目,以及有市场前景的项目。

另外,重大工程也可以按领域、周期等来划分。例如按照领域可以分为基础设施、能源、交通、信息化等工程,按照周期可以分为短期、中期和长期项目。此外,还可以按工程规模、投资额、技术难度等进行分类。

1.2.3 重大工程的阶段划分

根据重大工程的特点,从地质安全监测的角度,可划分为4个阶段。

(1)论证规划阶段:主要是工程项目的提出、论证和可行性研究,主要关注区域工程地质条件以及实施项目条件等。这一阶段对地质安全监测的需求不明显,以收集区域内已有监测资料为主。

(2)勘察设计阶段:主要为工程地质勘察和工程方案设计,重点关注区域工程地质条件和工程建设场地安全。这一阶段在重大地质安全风险区的确定、重大地质灾害隐患稳定性的确定上,需要开展监测工作,获取数据支撑。

(3)工程施工阶段:是依据工程建设方案和施工图开展工程建设活动,这一阶段是人工对地质条件改造巨大的阶段。这一阶段由于地质条件的改变和大量的工程边坡、渣土堆砌等的产生,虽然在前期做了详细的勘察和评价工作,但由于地质和工程的复杂性,难免会引起不利于工程建设的地质安全风险。因此,开展监测工作确定风险、预警风险是十分必要的。除此以外,为方便工程建设而修建的施工道路、临时住所等也可能面临地质灾害的威胁,监测也是防范风险的有效手段之一。

(4)工程运营阶段:从工程建设完工交付使用开始,这个阶段贯穿工程的整个设计使用年限。在运营阶段,由于前期建设对地质条件的改造和自然地表的演化,会面临可能威胁运营安全的地质安全风险,开展监测工作是防范风险的有效手段之一,监测成果则作为下一步工作的依据。

1.2.4 地质安全监测对象

重大工程地质安全监测对象包括但不限于以下对象。

(1)影响工程规划、建设和运营的地质灾害:指可能对工程、工程辅助设施、施工临时设施、施工活动和周边区域安全造成威胁的滑坡、崩塌、泥石流、地面沉降、地面塌陷、地裂缝等常规地质灾害。

(2)工程建设中形成的正在变形或存在形变风险的工程边坡:指在工程建设中形成的永久的和临时的,且存在形变风险或正在变形的边坡。

(3)区域性地面沉降或岩溶塌陷：指可能对工程建设或运营存在影响的，范围较大的地面沉降区或者岩溶塌陷区，或是存在塌陷风险的岩溶区、矿区、地下水超采区等。

(4)区域性泥石流：特指流域面积大、集合多条泥石流沟的泥石流，具有暴发频率和规模难确定等特点。

(5)区域地下水位变化：在工程建设阶段，工程建设施工(如隧道、桩基等施工)对含水层的影响，可导致区域地下水位的变化，可能会诱发地表形变和塌陷等，也可导致工程基础产生高程变化而引起形变破坏；在工程运营阶段，水坝水位提升产生库岸渗流变化、水网工程等管网水渗漏，都会导致周边地下水位的变化，从而引发地表形变破坏。

1.2.5 西南地区主要地质安全风险

我国西南地区处于欧亚板块的东南缘，与太平洋板块和印度板块相接，具有板块活动强烈、新构造运动活跃、地形陡峭险峻、构造岩性复杂、气候环境恶劣、山地灾害频发的地质特征。强烈的内、外动力地质作用给西南地区的高速铁路建设、水利水电等重大工程实施带来了巨大难题和挑战，诸如滑坡(边坡)、泥石流、危岩落石、采空区、高地应力、基底上拱、巨型溶洞、隧道、地裂缝、涌水突泥、非煤瓦斯有害气体、隧道运营地质灾害等众多地质安全风险。

本手册主要选择滑坡(边坡)、崩塌、泥石流、地面塌陷、地裂缝等引起地表形变的地质安全风险，讨论其成因类型、发育特点、地质模型以及适宜的监测技术方法与布设要点。

1.3 地质安全监测的特点和意义

1.3.1 地质安全监测的特点

除规划论证阶段外，重大工程建设、运营阶段的地质安全监测关乎工程安全，一般以实施自动、实时、连续的专业化观测为主，以确保工程建设、运营期间的安全性。监测的内容通常是较为全面的多参数监测，通过性能可靠的、先进的技术手段和仪器设备，捕获关键影响因素及其变化动态，以确定引发地质安全风险关键因素和主控条件。地质安全监测除具有监测的一般特点外，还具有以下特点。

(1)可靠性：是对监测方案、监测仪器设备、传输网络和信息平台的最基本要求，是确保监测客观、准确、及时反映形变事实和环境因素变化的基础。

(2)精准性：是对获取监测数据精度和准确度的要求，是保证监测数据准确反映客观形变事实和环境因素变化的基础。

(3)及时性：是对获取监测数据时效性的要求，是及时捕获监测数据和变化信息、及时传递至终端平台开展风险研判和采取应对措施的基础。

(4)连续性：是对监测过程可持续性和可重复性的要求。

1.3.2 地质安全监测的意义

地质安全监测是防范和应对地质安全风险的主要措施之一,是掌握地质灾害及不良地质作用动态变化的主要手段,可为地质安全风险研究、工程活动、政府决策等提供数据支撑。

(1)提前预判风险:西南山区工程建设地质环境条件复杂,地质灾害多发,重大工程在建设、运营期间均可能受到地质灾害的威胁。通过对划定的地质安全风险区、圈定的地质灾害隐患点、可能存在形变失稳的工程边坡等实施监测,获取地质体变形动态数据,据此对可能产生的地质安全风险进行预判,为采取应对措施提供依据。

(2)提供决策支持:在规划论证阶段,地质安全监测一方面可以掌握重大工程规划区内地质灾害变化动态;另一方面可以获取相关地质环境数据,这些相关数据可为工程规划和方案设计等提供决策依据。在建设、运营阶段,地质安全监测成果可为制订防范和应对地质安全风险决策提供支撑。

(3)支撑科学研究:地质安全监测不仅关注工程自身的安全,还关注工程对生态环境和资源的影响。地质安全监测数据为评估工程活动与地质环境之间的互馈作用,评价地质灾害对工程的影响程度、工程措施对地质灾害的防治效果等提供科学依据。

1.4 重大工程地质安全监测的基本原则

1.4.1 正确认识地质安全风险原则

地质安全风险相对于地质灾害具有更广泛的范畴,具有更为前瞻性的预防意义,本着以预防为主的目的,重视早期风险识别和预防。

西南山区的工程建设和运营活动的区域工程地质条件相比一般工程建设和运营区域更为复杂,限于工程技术手段、投资规模和人类对地质条件认识的局限性,面临的地质安全风险更为突出和复杂多变,地质安全风险存在于工程全生命周期的不同阶段,要引起足够的重视并提前预防。

1.4.2 技术可行经济合理原则

任何一项工程都应要求技术上可行、经济上合理,对地质安全监测工程来说也不例外,在保证预防效果的前提下应尽量节约投资,监测设备选择力求少而精,尽可能避免提供重复的监测信息,减少监测系统的建设与运行成本。

对于已采取工程措施的地质灾害隐患和风险区,监测设计应根据工程所处的不同阶段,可分为施工安全监测、防治效果监测和长期稳定性监测;对于未采取工程措施而又具有潜在危害的地质灾害隐患和风险区,则应在正确认识地质条件、研判风险的基础上,根据工程建设的运营安全需要和后续防治计划,采取技术可行、经济合理的地质安全监测。

1.4.3 重大工程地质安全监测部署原则

重大工程地质安全监测应在充分掌握区域地质和工程背景,科学评价工程地质条件和工程对风险耐受程度的基础上进行。

重大工程地质安全监测实施前应全面收集、分析工程各阶段的地质资料和工程本身建设、运营情况,必要时进行补充调查和勘察。

重大工程地质安全监测应全面覆盖可能引发地质灾害的风险区,宜采取多源监测技术建立综合立体监测网。

重大工程地质安全监测应针对重点区域加强监控,宜采取多种方法进行同位监测以确保监测数据获取的真实性和可比性。

重大工程地质安全监测宜同时辅以宏观形变的人工巡查、调查。

重大工程地质安全监测遵循实用、可靠、经济合理原则,在满足要求、保证监测效果的前提下,应节约投资,优化建设与运行成本。

1.4.4 选择仪器的基本原则

重大工程地质安全监测所采用的仪器设备应根据工程不同阶段和监测实际需求,在满足要求的前提下,选取性能稳定、技术先进、精准度高、环境适应性好、抗干扰能力强的自动化监测仪器设备。在经济、技术允许的条件下,采用先进的数据采集和传输设备,以提高监测精准度和效率。

重大工程地质安全监测仪器设备须具有法定第三方检验检测机构出具的检测报告。

重大工程地质安全监测的仪器设备应满足标准化、自动化、信息化等要求。

重大工程地质安全监测鼓励使用经实践检验实用、有效的新技术和新方法。

1.5 重大工程地质安全监测的流程

重大工程地质安全监测主要包括监测方案设计、监测施工、监测运行、监测总结4个阶段,具体流程见图1-1。监测实施前,需了解服务需求,确定监测对象、监测目的、监测等级等。

图 1-1 重大工程地质安全监测流程图

2 监测实施前阶段

2.1 了解服务需求

重大工程地质安全监测是为服务工程规划、建设和运营而开展的监测活动,由于工程建设的特殊性,在论证规划、勘察设计、施工、运营等不同阶段,重大工程实施存在不同管理和责任权属,对地质安全监测的需求各不相同,一般用于科研研究、防灾减灾、安全保障、验证工程措施和作为监督管理的依据,分为服务工程建设运营安全的专业监测,针对突发事件的应急监测,服务规划、建设、运营安全的专业性监测,服务科学研究的专项监测,服务质量评估的效果监测等。

一般情况下,受地区差异和工程类型的不同,工程建设在不同阶段对地质安全监测的需求不同。

(1)在论证规划阶段,对地质安全监测的需求往往是针对区域上某一特定地质安全问题开展的专项监测,多具有科学研究性质。

(2)在勘查设计阶段,地质安全监测主要为掌握地质灾害隐患形变趋势,为勘察结论提供佐证,为方案设计提供数据支撑,以服务决策为主。

(3)在工程施工阶段,地质安全监测一方面为工程施工提供风险预警和预报,另一方面为决策和研究提供数据,具有科研和实用双重性质。

(4)在工程运营阶段,地质安全监测主要是为判定地质灾害隐患或可能存在灾变风险的地质体、构筑物的变形特征和发展趋势,以服务防灾减灾为主。

2.2 确定监测目的

监测的目的必须根据工程条件明确确定。监测的主要目的是确定工程是否处于预计的状态,监测的目的也可能是施工控制、判断地质隐患体的特性、检验设计的合理程度、证明施工技术的适应程度、检验长期运行的性能和用于科学研究、促进技术发展。一般情况下,地质安全监测的目的包括以下4个方面。

(1)保障安全和指导科学施工。监测最基本和最重要的目的在于指示各种不良地质作用对工程安全的影响程度,提供连续的监测数据以满足动态评估需要,保障施工与工程安全,指导科学施工。

(2)检验与改善工程设计。监测除监控工程的"健康状况"外,研究监测数据,有助于校验工程设计和对工程设计进行改进。通过将监测数据与理论数据和试验测试数据进行比较,可更好地了解设计的合理性。

(3)检验与改进施工技术。工程设计一般需要根据岩土、材料特性和结构性能的保守估计来进行严密而复杂的力学分析。这些估计是用来规定设计中的"未知数"或不定值。地质安全监测数据及对工程安全影响的评价,可间接校验设计方案,进一步完善和改进施工技术方案。

(4)用于科学研究、促进技术发展。通过对地质体形变、应力等因素的监测,研究监测数据变化规律,总结工程活动与地质环境的互馈作用,提升人类对工程安全影响的认识,促进科学技术水平的提升。

2.3 确定监测对象

监测对象的确定主要根据委托方指定或地质调查评价结果确定。根据前文所述,地质安全监测对象具体包括正在或可能产生形变影响和危害到重大工程及工程活动的崩塌、滑坡、泥石流、地面塌陷、地面沉降等地质灾害,影响到工程建设运营安全的其他不良地质作用,正在或可能产生形变的工程边坡、库岸边坡、路基、路堑等。通过对地质安全监测对象的调查分析,获取监测对象所在区域的地形地貌、地质结构、地应力、岩土体力学性质、地下水以及气象、地震等其他环境因素,分析工程边坡等的工艺和结构,确定需要监测对象的类型、规模、稳定程度及危害对象与范围。

2.4 确定监测等级

重大工程地质安全监测的等级宜遵循现行相关标准和规范,按确定对应的监测等级及其等级要求实施监测,同时也可参考危害对象的工程等级(表 2-1)或受灾害危害等级(表 2-2)与不良地质体的稳定性(活动性)(泥石流按易发性)来确定监测等级(表 2-3),并按表 2-4 对应要求实施监测。

表 2-1 危害对象(工程)等级划分表

工程类别*		一等	二等	三等
铁路工程	铁路综合工程	一级干线、单线铁路山区 40km 以上,平原、丘陵 50km 以上;双线 30km 以上	单线铁路 40km 以下;双线 30km 以下;二级干线及站线;专用线、专用铁路	其他辅助线路和铁路
	铁路桥梁工程	桥长 500m 以上	桥长 500m 以下	
	铁路隧道工程	单线 3000m 以上;双线 1500m 以上	单线 3000m 以下;双线 1500m 以下	

续表 2-1

工程类别*		一等	二等	三等
铁路工程	铁路通信、信号、电力电气化工程	单双线 200km 及以上（含枢纽，配、变电所，分区亭）	单双线 200km 及以下（不含枢纽，配、变电所，分区亭）	
公路工程	公路工程	高速公路	高速公路路基及一级公路	一级公路路基及二级以下各级公路
	公路桥梁工程	独立大桥工程；特大桥总长 1000m 以上或单跨跨径 150m 以上	大桥、中桥桥梁总长 30～1000m 或单跨跨径 20～150m	小桥总长 30m 以下或单跨跨径 20m 以下；涵洞工程
	公路隧道工程	隧道长度 1000m 以上	隧道长度 500～1000m	隧道长度 500m 以下
水利水电工程	水库工程	总库容 1 亿 m^3 以上	总库容 1000 万至 1 亿 m^3	总库容 1000 万 m^3 以下
	水力发电站工程	总装机容量 300MW 以上	总装机容量 50～300MW	总装机容量 50MW 以下
	其他水利工程	引调水堤防等级 1 级；灌溉排涝流量 5m^3/s 以上；城市防洪城市人口达 50 万人以上	引调水堤防等级 2,3 级；灌溉排涝流量 0.5～5m^3/s；城市防洪城市人口为 20 万～50 万人	引调水堤防等级 4,5 级；灌溉排涝流量 0.5m^3/s 以下；城市防洪城市人口在 20 万人以下
电力工程	火力发电站工程	单机容量 30 万 kW 以上	单机容量 30 万 kW 以下	
	输变电工程	330kV 以上	330kV 以下	
	核电工程	核电站、核反应堆工程		
建筑工程	公共建筑	28 层以上；36m 跨度以上（轻钢结构除外）；单项工程建筑面积 30 000m^2 以上	14～28 层；24～36m 跨度（轻钢结构除外）；单项工程建筑面积 10 000～30 000m^2	14 层以下；24m 跨度以下（轻钢结构除外）；单项工程建筑面积 10 000m^2 以下
市政公用工程	燃气热力工程	总储存容积 1000m^3 以上液化气贮罐场（站）；供气规模 15 万 m^3/d 以上的燃气工程；中压以上的燃气管道、调压站；供热面积 150 万 m^3 以上的热力工程	总储存容积 1000m^3 以下的液化气贮罐场（站）；供气规模 15 万 m^3/d 以下的燃气工程；中压以下的燃气管道、调压站；供热面积 50 万～150 万 m^2 的热力工程	供热面积 50 万 m^2 以下的热力工程

注：* 工程类别中不同工程具体分类未全面列举，可依据相关标准定级；本表引自《工程监理企业资质管理规定》。

表 2-2 危害对象受灾害危害等级划分表[1]

危害等级		一级	二级	三级
危害对象	人口、经济	威胁人数大于100人,直接经济损失大于500万元	威胁人数为10~100人,直接经济损失达100万~500万元	威胁人数小于10人,直接经济损失小于100万元
	交通道路	二级铁路、高速公路及省级以上公路	三级铁路、县级公路	铁路支线、乡村公路
	大江大河	大型以上水库、重大水利水电工程	中型水库、省级重要水利水电工程	小型水库、县级水利水电工程
	矿山	大型矿山	中型矿山	小型矿山

表 2-3 重大工程地质安全监测等级划分表

监测等级		工程等级(危害等级)		
		一等	二等	三等
稳定性(活动性)	不稳定(高易发)	一级	一级	二级
	欠(基本)稳定(中易发)	一级	一级	二级
	稳定(低易发)	二级	二级	三级

表 2-4 重大工程地质安全监测等级相关要求

监测等级	可靠性	准确度	精度	监测内容和手段	自动化、信息化程度	实时性、连续性
一级	高	高	高	全	高	高
二级	高	高	中	适中	高	高
三级	中	中	低	较少	中	中

3 监测方案设计阶段

监测方案是监测工作的依据。在监测方案设计前,应根据监测对象和监测等级情况,开展监测靶区资料收集和分析,进行必要的野外踏勘或调查,掌握监测对象特征,确定诱发形变的主控因素、影响因素,分析稳定性及变形特征。

监测方案设计是依据监测目的和监测等级建立的针对监测对象的有效监控方案。监测方案设计包括资料分析与踏勘、地质模型建立、监测模型设计、监测系统设计等内容。

3.1 资料分析与踏勘

资料分析与踏勘是监测方案设计的前瞻性工作,从灾害或隐患地质体的规模、产生形变或发灾的时间、原因,以及引发灾害的各类环境因子角度出发,获取场地的交通地理、地下管线工程、光照与信号条件以及隐患地质体的发育特征及其工程地质条件,分析出隐患的关键形变块体、各种因素对灾害发生的影响程度,以及隐患体与工程建筑间的相互作用,从而为下一步监测方案的设计奠定基础。

3.1.1 监测靶区资料收集

收集和积累资料,监测设计所需资料包括测绘类资料、调查类资料、勘查(察)类资料、监测类资料、工程类资料。这些资料是监测资料分析的基础,资料分析的水平和可靠度与分析者对资料掌握的全面性及深入程度密切相关。

1. 测绘类资料

大比例尺地形图、地质图,高精度遥感数据、DEM 数据、行政区划图、人口密度图等。

2. 调查类资料

各类地质、地质灾害或地质安全风险调查报告、图件及说明书。

3. 勘查(察)类资料

(1)钻探资料:收集不同部门、用途、深度的工程地质勘察、水文地质勘察和油气、地热、地震等工作的钻探及相关成果,内容包括钻孔柱状图、平面图、剖面图、原位测试、声波及成像测井、岩土水样测试等原始的编录、测试、监测数据及分析成果,并收集相应的钻孔坐标位置。

(2)物探资料：收集区内的重力、磁法、电法、地震等勘探及综合研究成果，包括物探原始数据、原始曲线、地球物理参数、解释成果图及报告，应具备准确的实测剖面位置。

(3)其他资料：包括槽探、坑探、硐探等成果，内容包括编录、测试、监测等原始数据及分析成果，并收集相应的坐标位置。

4. 监测类资料

历史的、已有的水工环地质和气象等监测资料。

5. 工程类资料

工程规划、设计和施工等不同阶段的资料，也包括与地质相关或影响地质环境的其他工程资料。

3.1.2 已有资料分析

已有资料分析是监测方案设计的基础工作，在设计监测方案之前，应尽可能地利用已有的资料，分析研判出监测目标的工程地质条件、地质安全风险发育特征及监测场地条件，并根据资料分析结果进行现场踏勘及适当的补充调查。

1. 工程地质条件

工程地质条件包括隐患地质体的地质背景条件和环境因素，主要包括地形地貌条件、岩土体结构，岩土体力学性质、地表水和地下水、地应力、环境因素等。

(1)地形地貌条件：包括判识监测目标所处的区域地形地貌类型（如高山峡谷、丘陵山地等）及其所包含的微地貌形态（陡坎、沟槽、裂缝、悬崖及工程边坡等）。

(2)岩土体地质结构：包括岩土体类型及其原生、次生结构面的发育情况；岩体的节理面、层面、片理面、断层等发育情况；土体的分层，透镜体、裂缝和滑移面发育情况。这些结构面强度较低，是影响岩土体稳定的主要因素之一。在资料分析环节，应尽可能地判识目标隐患所存在的软弱结构面的类型、位置及其发育特征。

(3)岩土体力学性质：岩土体强度和变形指标是影响隐患地质体稳定的主要指标。一般情况下，岩体结构的状态是控制性的，但在有利的结构状态下，结构体岩块的强度起到决定性作用因素。因此，岩土体力学属性不同，稳定性不同。

(4)地表水和地下水：地表水对地质安全的影响包括河流及其他地表径流的冲刷、侵蚀和入渗对地质体的影响。地下水的赋存及活动性通常影响岩土体的稳定性，使岩土工程形成新的渗流场，岩土体受到场力作用失稳。地下水使岩土软化、强度降低，对软岩尤为明显。对于有软弱结构面的岩体，地下水会使弱面夹层加速侵蚀及泥化，减少层间摩擦；对于承受内水压力的水工硐室，内水外渗也可能引起山体失稳。因此，开展重大工程地质安全监测设计时，必须充分考虑地下水的赋存状态及其活动性。

(5)地应力:是岩体中天然赋存的应力。一般情况下,地应力大的地区对岩体稳定不利,在该地区进行隧道、硐室等开挖工程时应仔细考虑地应力状况。主要通过实测地应力状态、观测地应力变化、计算分析地应力场,为岩体稳定分析提供依据。本手册仅在其引发地表形变时考虑该因素。

(6)环境因素:包括自然存在的降水、温度等的变化带来的影响,其中以降水影响最为显著,温度的变化也可引起岩土体的冻、胀和风化的变化,自然环境因素通常是不可抗拒的因素。此外,局地环境因素还包括工程扰动因素,如开挖、加载、蓄水、爆破震动等,是可以控制的因素,需要通过监测分析工程施工与隐患地质体的互馈作用,评价工程安全性,并预测其对作用地质体稳定性发展趋势的影响。

2.地质安全风险发育特征

结合所收集的各类资料,分析潜在地质安全风险的类型及其规模等级、变形特征、灾害历史、威胁对象及其影响范围,研判监测对象的稳定性、成因机理及各种因素对灾害发生的影响和控制程度,预测形变及稳定性未来发展趋势。

3.监测场地条件

监测场地条件决定了监测手段实施的可行性。监测实施前,应充分了解场地的交通地理条件、人类活动强度、已有地下管线工程以及场地的光照条件和信号强度,尤其有无地势低洼且易积水淹没处、埋设有地下管线处、位置隐蔽及信号不佳处和人畜易扰动破坏处等。

3.1.3 现场踏勘

现场踏勘是从整体上对工作区地质情况,如隐患地质体的发育和分布概况、地质构造、环境及场地条件等进行概略了解,并对室内收集的有关资料进行必要的验证,从而为编制监测方案及进行经费预算提供依据。

观察记录:对灾害现场进行初步观察,确定灾害类型、规模、破坏程度和可能的发展趋势,观察监测工作的交通、场地、通信、供电、供水等场地条件。

拍照视频:拍摄现场照片和视频,记录灾害特征、受灾情况和周边环境。

取样分析:根据需要进行土壤、岩石、水样等的取样,送实验室进行分析。

测量工作:使用测量仪器进行现场测量,获取准确的地形数据和灾害体的几何参数。

3.1.4 补充调查

在历史资料不充分的情况下,需进行补充调查。主要是在已有资料分析与现场踏勘的基础上,采用走访、调查的手段,重点查明风险隐患地质体的场地及工程地质条件、形变动态特征与灾害历史、风险程度及其影响因子。

3.1.4.1 场地及工程地质条件调查

主要调查地形地貌、地层岩性、地质构造分布特征,公路、铁路和其他工程设施的布局,光照与信号条件,并将有关重点界线和特征点、变形破坏现象等进行大比例尺平面图、剖面图绘制。

3.1.4.2 形变动态特征与灾害历史调查

对于天然形成的地质安全风险隐患来说,形变动态与灾害历史调查是判别隐患地质体稳定性发展趋势的重要手段。比如老滑坡由于发生时间较早,地表特征不明显,需大量访问居住在滑坡发生区域的当事人和滑坡发生时的目击者。调查内容一般包括灾害发生的时间,灾害发生前的斜坡环境和社会经济状况,灾害发生前夕的斜坡变形和各种异常现象(包括动物异常),是否下雨,雨量大小和下雨持续时间,发生时是否发生地震等。

对于工程构筑物的形变动态调查重点要调查清楚引起形变的因素及其关联性。

3.1.4.3 风险程度调查

风险程度调查主要包含危险性调查分析评价、易损性调查分析评价、地质安全风险分析评价 3 个方面。

1. 危险性调查分析评价

(1)灾险情调查:包括灾情和险情调查。灾情是造成人员或财产损失的地质灾害情况,包括灾害发生时间、地点,灾害规模、引发因素,造成的人员伤亡、财产损失及相关影响等。许多地质灾害发生之后,常常会诱发出一连串的次生灾害,这种现象就称为灾害的连发性或灾害链。险情是出现地质灾害前兆,可能发生地质灾害的隐患情况,包括对地质灾害发生地点、时间、影响范围及其威胁人员、财产等情况的预估。

(2)分析预测危险性及致灾范围:在灾害灾情或隐患险情调查,工程地质条件、发育特征、形变动态特征与灾害历史调查的基础之上,通过工程地质类比法、经验公式、层次分析法或实验和数值模拟等方法,分析在一定时间内隐患体发灾的可能性,包括时间发生概率、空间影响范围和危害作用强度等。

2. 易损性调查分析评价

在危险性调查分析的基础上,调查并统计潜在致灾范围内的威胁对象,包含人员、财产、建筑、工程设施、道路等,开展易损性分析评价。

3. 地质安全风险分析评价

(1)影响因子调查:在资料分析的基础上,充分调查影响隐患地质体形变的环境因子。

(2)单体风险评价及区划:根据以上资料分析结果以及踏勘调查结果开展单体风险评价及区划,根据风险大小,将风险区域划分为极高、高、中、低风险区。

3.2 地质模型建立

地质模型是依据监测对象发育的地质环境背景,将监测对象的地质特征和变形特征,经过综合分析抽象概化的简洁表达模式,主要包括地质结构特征、变形特征、动力成因、发育阶段等。

3.2.1 建立地质模型的意义

监测实施前应充分掌握监测对象及周边地质环境条件,宜根据已有调查、勘查资料,进行实地踏勘或补充调查,构建地质模型。地质模型的建立对于监测方案设计具有极其重要的意义。

(1)明确岩土体变形破坏的边界条件,确定监测应重点关注的部位,是制订和优化监测布置方案的重要地质依据。

(2)把握岩土体变形破坏的规律,每种地质模型都有其本身特定的变形破坏规律,有其变形发展的趋势和达到失稳破坏的过程,对确定监测内容和方法、制订监测方案具有重要的指导意义。

(3)地质模型是地质安全风险评价中物理模拟和数值模拟的模本,根据地质模型可以研究岩土体变形破坏的机制,选择合理的评价方法,使得地质安全风险评价结果在监测方案设计时更具有应用价值。

地质安全风险隐患的地质情况与类型往往千变万化,要建立科学的地质模型,必须从地质本质上和力学机制上把握风险隐患地质体的岩土结构与力学、形变特征,并将这些特征抽象简化,形成最终的地质模型,从而为下一步地质安全风险评价以及监测模型方案的设计奠定基础。

3.2.2 地质模型包含的内容

地质安全监测的地质模型是以地质为基础,充分考虑地质体的物质组成、结构特征、力学特征、形变特征等。

(1)物质组成:根据岩土材料的特性,将地质体分为土体和岩体两大类。

(2)结构特征:除因土体、岩体材料的不同而具备不同物质结构特征外,还包括地层产出特征、岩土组合特征、斜坡形态特征等。

(3)力学特征:地质体除了具备天然的重力和应力特征外,还包含地下水动力特征、外部加载(卸荷)力特征等。

(4)形变特征:包括地质体原生形变特征和次生形变特征。原生形变特征归入岩土体结构特征范畴,而本手册中主要针对由降水、温度等环境变化和人工扰动等引发的形变,如裂缝、鼓胀隆起、凹陷、错断、倾斜等影响宏观稳定性的次生形变特征。

3.2.3　建立地质模型的方法

监测预警的地质模型是一种抽象的概化模型，与数字地质模型有显著的差异，其主要表征地质体的岩土结构与力学、形变特征，以支撑监测内容确定、监测仪器设备选型、监测网布设为目的。

建立地质模型的方法可以分为动态地质历史分析法、系统要素分析法、层次分析法等。

动态地质历史分析法是以形变为主线分析监测对象地质体的现状和赋存条件，从地质历史全过程掌握内部作用机理和其变形破坏的演化规律，建立一个变形地质模型。

系统要素分析法是基于监测对象地质体要素和地质体系统的分析方法，从监测对象所处区域地质环境、水文地质及工程地质条件等宏观地质背景条件出发，再具体分析监测对象本身的要素，建立起一个要素概化地质模型。

层次分析法是按照地质系统几何结构的层次性，在把握系统各因素的同时，运用系统科学分析方法，抓住主要因素，摒弃次要因素，建立一个具有层次性的地质系统模型。

3.3　监测模型设计

3.3.1　监测内容及方法

重大工程地质安全监测的内容主要包括形变、应力应变、震动、声发射以及地下水和其他环境因素等，也有针对特殊环境放射性内容的监测，不同的监测内容有不同的监测方法（表3-1）。监测方法主要包括借助仪器设备的精准监测和人工简易监测。针对重大工程的地质安全监测以仪器设备精准自动化监测为主，以人工巡查和简易监测为辅，充分运用新技术新设备开展监测工作。本手册中以形变和相关环境因素监测为主，注重多要素同场监测，相互印证。

3.3.2　监测仪器设备的选择

重大工程地质安全监测宜采用多参数同场监测，精度应满足保障工程建设运营安全的要求。针对不同的监测内容，通常选择不同的监测方法，对应的监测仪器设备则更是种类繁多、型号各异。仪器设备选择必须满足监测精度要求，也应满足相关规程规范要求。科学合理地选择仪器设备主要遵循以下原则：①监测仪器设备必须满足监测内容所需参数和精度要求；②监测仪器设备必须满足监测要求的采集频率和传输方式；③监测仪器设备必须满足监测点位的安装条件；④监测仪器设备宜选择成熟的性能可靠的产品；⑤监测仪器设备优先选择自动化程度高的产品。

表 3-1 监测内容及常用监测方法

监测内容			常用监测方法
形变监测	地表绝对位移		GNSS 全球卫星定位监测、InSAR 监测
	相对位移	水平位移	测量机器人监测、裂缝相对位移监测、倾斜计监测、三维激光扫描监测、近景摄影监测等
		垂向位移	
	深部位移		钻孔倾斜仪
相关环境因素	降水	降水量	雨量计监测
		降水强度	
	温湿度	温度	温湿度计监测
		湿度	
	地表水	水位	地表径流监测、水位计监测
		流速	
		流量	
	地下水	水位	地下水位监测、孔隙水压力监测、含水率计监测、渗流监测、微流速监测
		水压力	
		含水率	
		渗透性	
	地震动	地震	地震监测仪监测
		微震	微震监测仪监测
物理场	压力		压力计监测
	应力应变		振弦传感监测法、应变计监测、锚索(杆)测力计监测、光纤光栅监测
	地声		声发射监测仪监测
放射元素	氡气测量		氡气测量仪监测
	^{218}Po 测量法		α 杯测量
宏观前兆	视频图像监测		视频监控系统
	人工巡视		周期性人工宏观变形巡查和简易监测

3.3.3 监测模型包含的内容

监测模型是建立在地质模型之上的,以监测应变发展和风险预警为主要目的的监测仪器设备组合。监测模型主要包含监测内容、监测方法与对应仪器设备、监测网点布设等内容。监测过程中首先要根据引发和加速地质体形变的主控因素和地质体形变特征确定监测内容、选定监测仪器设备,再依据力学特征和变形关键部位(块体)确定监测仪器设备布设区域位置。监测模型也包含了监测周期频次内容,不过由于目前的监测仪器设备多具备自动化实时监测,监测周期频次除了极少数需要人工操作的设备外,均以实时监测为主。

3.4 监测系统设计

监测系统通常包含数据采集系统、数据传输系统、数据(存储)分析系统和数据发布平台等模块。目前的监测仪器设备均具备自动化数据采集和无线网络传输功能,因此监测系统实际上变成了监测仪器设备、后台服务器两大硬件及相关软件的有机组合[2]。

监测系统通常应具备数据的采集、传输、存储、发布功能,既要功能齐全,又要操作简便,同时要满足技术和管理需要。

3.4.1 数据采集系统

数据采集系统的主要任务是通过传感器将现场各项监测数据信息进行采集和暂存或存储处理及传输。由于监测场所以室外自然环境为主,气象条件和地理环境相对比较恶劣,数据采集系统宜采用一体化结构,外壳应采用经久耐用材质。数据采集系统一般应具有数据暂存或存储、传输功能,可依据现场条件,采用窄带自组网、蜂窝物联网、卫星、宽带自组网等方式实现现场监测数据传输。数据采集系统宜具备以下特点。

(1)监测数据采集系统应具有自动化记录功能,周期性监测设备可采用人工记录或人工触发记录。

(2)人工记录数据应填写监测记录表格并及时数字化。

(3)监测数据采集宜采用自动化、实时化采集的方法。自动化记录的数据应及时进行质量检查。监测数据出现明显异常时,应及时检查,排除监测仪器设备故障。

(4)宜采用一体化结构设计,安装简单。

(5)宜采用太阳能供电,保证野外长时间工作需要。

(6)宜具有本地存储功能,可方便取回监测数据。

(7)可根据实地情况选择通信网络。

(8)采集频度可设定或智能调整,兼顾仪器的低功耗和监测的精确度。

(9)监测数据采集管理软件应具备监测数据检核、粗差剔除以及各类变形过程线绘制等基本功能。

(10)应具备自身健康状况监测功能。

(11)应采用标准数据格式,具备兼容性和格式转换功能,方便数据融合与扩展。

(12)应具有专业设计的支架和防护系统,保证其野外工作的牢固、稳定。

3.4.2 数据传输系统

数据传输系统是监测仪器设备和后台服务器之间的通讯纽带,具有数据上传和指令下达的功能(图3-1)。监测仪器设备通过通讯单元按照通用的通讯协议和网络进行数据传输,将采集的数据传输到后台服务器(物联网平台及监测预警信息系统)。通讯过程涉及的通讯架构、数据采集设备、数据传输、数据格式约定、物联网平台接入、数据传输安全技术等要求应参照已有的相关规范和标准执行。

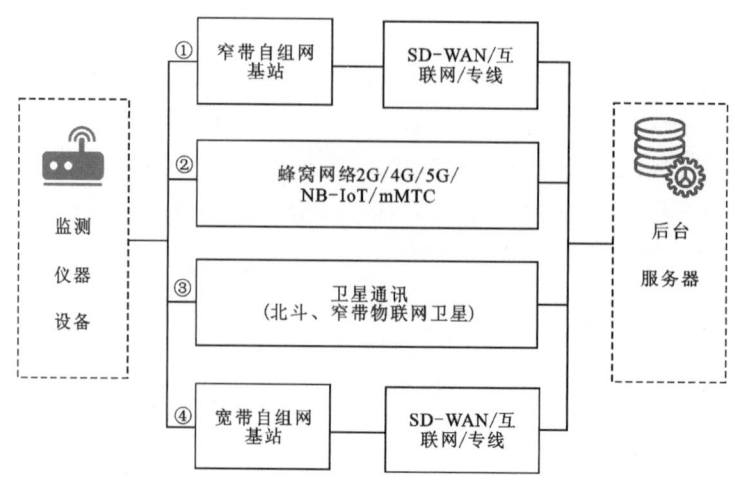

图 3-1　数据传输系统示意图

注:①窄带自组网数据传输;②蜂窝物联网数据传输;③卫星数据传输;④宽带自组网数据传输。

(1)设备应能满足数据远程传输,还应具备足够容量的本地存储介质(如 SD 卡或外接 USB 存储设备等),数据远程传输设备应保证全天候运行的需求。

(2)设备应具备灵活组网机制,能根据现场的实际网络条件选择最为适合的入网方式,无线网络应支持国内三大运营商通用网络技术。

(3)数据通讯协议宜包含 CDMA、GSM、GPRS 或 NB-IoT 技术,监测设备数据传输协议宜采用 TCP、UDP、RS232、RS485 等主流协议。

3.4.3　数据(存储)分析系统

数据(存储)分析系统是将监测数据转化为形变和预警信息的系统,包括数据汇集存储、数据处理、数据分析、决策支持等功能,是根据监测预警需求开发的专业软件系统。

(1)数据汇集存储:接收和按规则存储监测设备上传的数据,实现数据查询和展示等。

(2)数据处理:数据(存储)分析系统能够对数据进行处理和清洗,从而提高数据的质量和可用性。

(3)数据分析:将数据转化为可视化的图表、报表等形式,从而判断监测数据规律和变形发展趋势。

(4)决策支持:数据(存储)分析系统需为用户提供决策支持,帮助研究者和管理者更好地进行趋势分析与预警决策。

3.4.4 数据发布平台

数据发布平台通过对监测现场传回的数据进行存储、分析,通过对灾害发生阈值进行对比,进而按重大工程地质安全预报等级发出预警预报。其主要组成有计算机硬件系统、计算机软件系统、预算设备及通信系统。

数据发布平台主要具有各种监测数据接收、入库、处理汇集的功能。为兼容多种设备和技术标准,数据发布平台应可支持多种方式的接入,支持多种通讯方式多通道并发以及采用自定义协议进行数据传输。数据发布平台宜基于 B/S 架构,利用通信、计算机网络、数据库应用等技术手段,通过分布式数据采集引擎,实现多源数据采集。平台设计应遵循如下原则。

(1)开放性:支持多种硬件平台,采用通用软件开发平台开发,具备良好的可移植性,支持与其他系统的数据交换和共享,支持与其他商品软件的数据交换。

(2)标准化:所有软件开发工具和系统开发平台应符合我国国家标准、信息产业部(现工业和信息化部)颁布标准、国土资源部(现自然资源部)相关技术规范及接口要求。

(3)参数化:必须实现完全模块化设计,支持参数化配置,支持组件及组件的动态加载。

(4)容错性:提供有效的故障诊断工具,具备数据错误记录功能。

(5)安全性:用户认证、授权和访问控制发生安全事件时,能以事件触发的方式通知系统管理员处理,确保数据传输和存储安全。

(6)可靠性:应能够连续 24h 不间断工作,出现故障应能及时报警,平台应具备自动或手动恢复措施,自动恢复时间少于 15min,手动恢复时间少于 12h,以便在发生错误时能够快速地恢复正常运行,软件系统要防止消耗过多的系统资源而使系统崩溃。

(7)易用性:具有友好的操作界面、详细的帮助信息,系统参数的维护与管理通过操作界面完成。

4 监测施工阶段

4.1 施工组织

依据审查通过的监测方案组织施工,包括设备采购、地质定点、土建施工、仪器安装、设备调试等工作,主要包括监测施工、施工监理、校验与验收内容。

4.2 监测施工

4.2.1 监测施工具体工作

为达到监测目的,需按监测方案在监测对象上开展一系列土建和仪器设备安装工作,具体工作包括以下几个方面。

(1)地质定点:地质人员按照监测方案设计的点位坐标进行监测点放点。在设计点位难以满足施工要求时,根据监测要求适当调整点位,以保证施工的可操作性并达到监测目的的要求。

(2)土建施工:为安置仪器设备而开展的基础开挖、监测墩浇筑、预置件埋设等工作。土建施工应满足相应规范标准要求。

(3)仪器设备安装:在监测墩或预置件上按要求安装对应的监测仪器设备。仪器设备安全应满足设备安装要求和对应规范标准,并做好影像和文字记录,填写安装记录表。

(4)仪器设备调试:仪器设备安装前后均应按要求进行调试并做好记录。仪器设备调试可通过仪表测量和实际量测测试。

(5)传输和平台系统建设:监测预警平台是监测预警工作的数据中心和控制中心,应满足对监测对象的自动、连续、实时监测,具备前端监测数据管理、数据动态展示、预警分析以及数据应用服务能力;同时能在信息采集及预报分析决策基础上,根据预警等级及地质灾害威胁范围,通过短信、传真、无线广播等预警方式及相应预警流程,将预警信息及时准确地传递到地质灾害危及区域,使预警信息接收人员能实时掌握地质灾害区域整体的安全状态。

4.2.2 监测预警平台功能

为满足各类用户群体的需求,监测预警平台功能主要有以下9个方面。

(1)数据的一体化管理、交换及应用功能:建立统一的数据共享、交换服务接口,实现与其他业务系统的资源共享。

(2)地质灾害监测一张图服务功能:依托地质灾害监测数据中心,按需叠加基础地理、基础地质、灾害地质、监测分布、设备分布、预警等级分布等信息,实现直观、准确和及时的分析展示,并支持专业图形输出。

(3)地质灾害监测预警功能:基于监测数据,研究分析预测预警模型,实行多仪器综合预警策略,实现地质灾害的动态监测、综合预警,具有相关预警信息发布等功能。

(4)移动智能终端服务:基于移动智能终端,提供灾害点信息、监测数据等查询和浏览。传输和平台系统体系结构如图4-1所示,总体上由数据层、服务层、业务功能层和信息发布等部分组成。平台基于各类地质灾害信息,通过数据采集统计各类地质灾害信息和监测数据,构建基础数据库和监测数据库;基于数据库提供的统一数据模型和数据服务,构建基础服务和业务服务,通过数据接口和数据交换,为信息发布提供各类信息服务和数据资源。

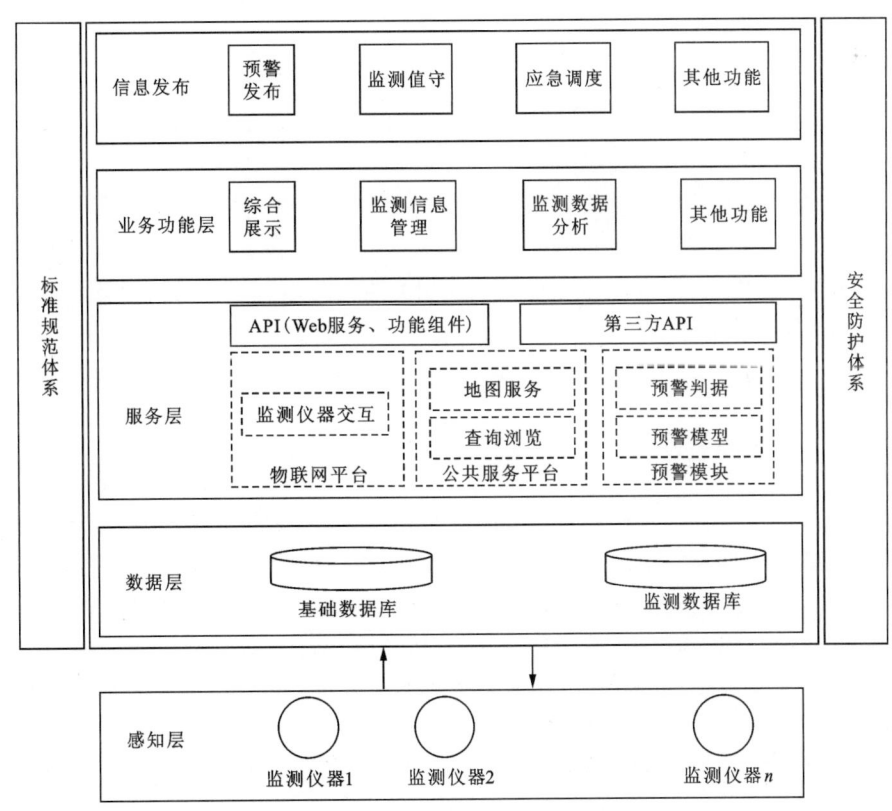

图4-1 传输和平台系统体系结构图

(5)感知层:主要通过布设的监测仪器获取监测数据。

(6)数据层:包括监测数据库和基础数据库。监测数据库主要包括监测业务数据、预警业务数据、监测数据,其中监测数据可通过监测仪器获取或通过物联网平台实时转发获取。

基础数据库主要包括监测点专业属性数据、空间数据、测绘数据等。监测点专业属性数据通过入库工具或传感器自动导入属性数据库中,空间数据经过标准化处理及保密处理,通过专业的入库工具或 GIS 工具导入空间数据库中,测绘地理数据、气象数据等其他数据可通过 Web 服务、SOA 等技术,应用数据共享交换模块进入系统。

(7)服务层:地质灾害监测预警业务平台底层主要由物联网平台、公共服务平台、预警系统等提供基础的业务支撑服务。平台可通过对基础业务支撑服务的封装,对外部提供 WebAPI 服务、功能组件及第三方 API,便于业务平台内部进行功能扩展、第三方应用进行数据服务调用。专业系统维护人员可针对平台中所用到的各类数据进行统一采集管理,主要包括监测仪器管理、灾害点和监测点管理、预警信息管理、系统权限控制等功能。

(8)业务功能层:以 Web 界面形式将业务功能进行可视化展示并提供相应的业务功能操作,提供基于 Web 技术实现的数据检索、空间与数据可视化、数据分析等功能。

(9)信息发布:应用接口、数据交换,为政府应急系统、政务办公系统、发布系统提供各类信息服务和数据资源。

4.3 施工监理

地质安全监测施工过程应组织施工监理。监理要点主要包括:监测仪器设备选型及相关参数是否与设计相符,监测网点布设是否与设计相符,土建施工是否满足设计和规范要求,基础件安装是否稳固,仪器设备安装前是否进行测试并按要求记录,仪器设备安装是否满足设计和规范要求,仪器设备安装完毕是否进行测试和运行状态确认,辅助件、保护设施是否安装稳固,标识标牌是否与监测内容和点编号相符。

4.3.1 土建施工分部工程

土建施工分部工程包括原材料进场、基槽开挖、隐蔽工程施工(接地体、传感器埋设,原状土取样)、混凝土浇筑等多道工序,施工工艺较为简单。但设备的建设地点多位于沟谷、山顶等位置,作业条件较为恶劣,且原材料二次搬运距离较远,施工质量主要受环境、人工等外部因素的影响。因此,监理在土建施工阶段应在核验原材料的基础上,重点对基槽开挖和隐蔽工程施工进行质量控制,可按图 4-2 所示流程部署见证取样、验槽、旁站等监理措施。

4.3.2 仪器设备安装分部工程

仪器设备安装分部工程在设备进场、基础施工完成后进行,包含辅材进场(立杆、横杆、法兰、护栏等)、辅材安装、监测设备安装等工序,整体安装工艺较为简单。但由于设备长期处于野外山区的露天环境,且监测设备对安装的水平度、垂直度等要求较高,所以为了保证设备在野外的有效监测,监理应重点针对设备的耐久性和可靠性部署相应的监理措施,可按图 4-3 所示流程进行监理工作。

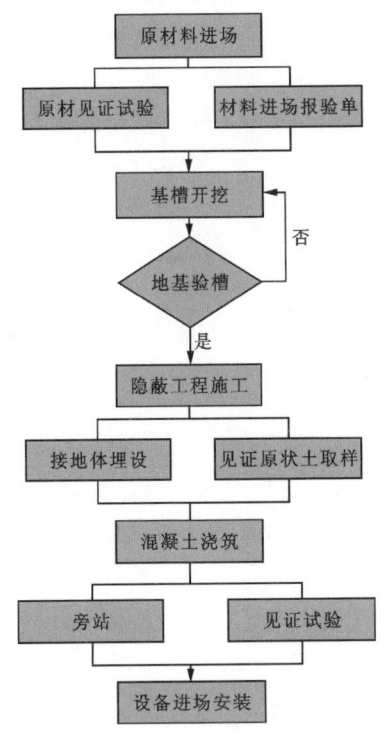

图4-2 土建施工分部工程流程图

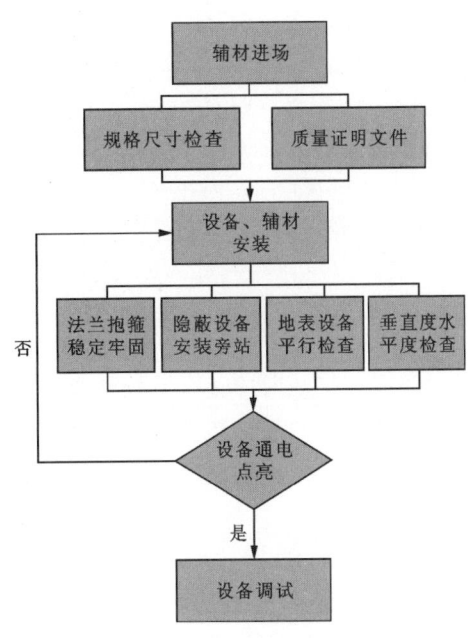

图4-3 仪器设备安装分部工程流程图

4.3.3 系统平台建设监理

系统平台建设监理主要是对监测系统平台工程组织与技术总体方案的把关,进行工程质量的控制、项目进度的控制、项目投资的控制、项目合同的管理、信息与项目文档的管理,协调好项目涉及的各方的关系,协调解决项目建设中的各种纠纷。主要包括:监控、协调监测系统平台功能建设是否与设计方案相符,确保监测平台系统各项目及设备施工的过程和质量监控与确认,配套设施建设的过程与质量监控,隐蔽工程施工的监控与确认,系统平台功能测试监控和确认等。

4.4 校验与验收

监测施工竣工后应组织验收,验收时应对重点监测内容逐一进行监测校验。

校验要点包括监测点位坐标校验、监测点标识牌与监测内容校验、仪器设备量测数值及误差校验。

验收要点除校验要点包括内容外,还应包括监测网点布设、仪器设备安装质量、土建施工质量、保护设施质量、监测运行和监测数据质量,以及监测系统建设材料、施工记录、监理文件、测试记录等。

4.4.1 监测点位校验

在监测点布设完成后,施工单位应向监理单位提出验收申请,由监理单位通知第三方监测单位参加监测点验收,必要时通知设计单位。验收时,必须提供施工监测方案和实际监控量测布点图。验收不合格时,由施工单位返修;测点验收合格,各方在验收单签字盖章后交到监控分中心备案。

4.4.2 监测仪器设备校验

4.4.2.1 仪器设备登记

仪器设备登记是对所有需要校验及检查的仪器量具登记造册。新购仪器或量具时,应先交到技术质量部门登记和安排送外校验。所有用来做测量和测试的仪器都必须进行标识与校准。仪器上必须标识校验状况和有效期。

4.4.2.2 仪器设备校验

设备员需在仪器、量具、试验设备未过有效期前安排送校事宜,应送往有国家认可资质的计量所进行校验。

仪器量具送校合格后,将校验结果填写在设备台账表格内,将仪器量具、试验设备贴上合格证送回使用部门。

若送校结果不合格,则贴停用证,并将校验结果报技术质量科处理,决定该仪器的处理方法并将处理方法记录于设备台账表格内。

若送校结果合格,但实测值与标准值有偏差时,由设备员根据该仪器的实际使用情况结合产品的检测要求,决定该仪器是否继续使用。若能继续使用则连同证书复印件一起交回使用部门,使用者参照校验结果使用;若不能继续使用,则贴停用标识,并将校验结果报技术质量科处理,决定该仪器的处理方法并将处理方法记录于设备台账表格内。

4.4.3 土建工程验收

土建工程质量检查、测试和验收是指按照国家相关施工及验收规范、质量标准所规定的检查项目,用相应规定的方法和手段对监测仪器安装埋设分项工程进行质量检测,并与质量标准规定对比确定工程质量是否符合要求。土建工程验收是确保工程质量和安全的重要环节,通过验收可以发现和解决工程中存在的问题与隐患,从而保障工程安全。

1. 土建工程验收标准

土建工程验收的标准是根据相关的法律法规、技术规范和行业标准制定的。验收标准是对工程质量和安全的要求,是评判工程质量的依据。常见的验收标准包括以下几个方面。

(1)国家标准:指对土建工程质量的最基本要求,如《建筑工程施工质量验收统一标准》

(GB 50300—2013)等。

(2)行业标准:指根据特定行业的特点和需求制定的标准,如《滑坡防治工程施工技术规范(试行)》(T/CAGHP 038—2018)等。

(3)技术规范:指对具体工程的技术要求和方法的规定,如《抗滑桩施工技术规程(试行)》(T/CAGHP 004—2018)等。

(4)合同约定:指根据工程合同的内容和条款制定的验收标准,包括工程质量、工期、费用等方面的要求。

在实际操作中,需要根据相关的法律法规、技术规范和合同约定制定相应的验收标准,确保工程的质量和安全达到要求。只有通过科学、严格的验收程序和标准,才能保证土建工程的质量和安全。

2.验收内容

土建工程验收的内容包括结构验收、材料验收、施工工艺验收等方面。

(1)结构验收:检查工程的结构是否符合设计要求,包括基础、承重墙、梁柱等结构的强度和稳定性。

(2)材料验收:对使用的材料进行检测和评估,确保其符合相关的标准和规范,如水泥、钢筋等。

(3)施工工艺验收:评估施工工艺的合理性和可行性,包括施工方案、施工工艺流程等。

土建工程验收应提交下列资料(但不限于):①土建各工序质量检查、检测资料;②仪器检查,检测,检定、率定和标定资料;③电缆(管线的检查、检测资料);④埋设考证表;⑤初始观测值;⑥土建及安装埋设施工记录;⑦缺陷处理资料;⑧调试过程,数据及异常分析[3]。

4.4.4 仪器设备验收

(1)对照监测设计方案,应重点检查监测仪器类型、数量、安装方式等是否符合设计要求。
(2)检查监测仪器工作状态,各部分组件安装是否齐全。
(3)检查监测仪器安装记录表、资料归档、后续维护人员等信息。
(4)检查监测仪器监测数据库,查看监测数据的实时性、准确性及完整性。
(5)明确监测仪器服务周期,确保后期运行正常及维护及时到位。

5 监测运行阶段

监测运行包括监测系统运行维护、人工巡查巡检、监测数据维护、预警与处置等。

5.1 系统运行维护

系统运行维护指为保障监测系统正常运行而进行的仪器设备、传输网络、系统平台检查和维护。系统运行维护要充分利用信息化和人工智能手段,同时要做好记录,特别是故障和异常维护要有处理记录。

5.1.1 监测仪器设备运行维护

(1)仪器管理包括二维码信息编制、监测仪器防护、监测仪器标识牌建立等内容。

(2)对每台仪器应编制二维码信息,野外可通过移动仪器扫码查看仪器信息及实时监测数据,二维码信息应与仪器安装记录信息一致。

(3)监测仪器建成后,应按照《地质环境监测标志》(DZ/T 0309—2017)设置标识警示牌,其上应标明醒目标识及警告内容。对于本身保护要求较高或位于房前屋后、公路旁、农用地内等受人为活动直接影响的监测点位,应修建围栏、防护网等防止监测仪器破坏[4]。

(4)各监测仪器供应商应根据仪器传感器、配件等材料易损性,预留相应配件,保证配件的使用,确保监测数据的连续性。

5.1.2 传输网络运行维护

(1)对所有外接连接线(电源线、数据线)进行检查,确保电源线正负极连接正确。

(2)连接太阳能电池板与充电控制器线缆,检测太阳能充电控制器负载端输出电压。

(3)依次连接传感器、电源、太阳能电池板控制器、天线与主机线缆等。

(4)检查数据采集、传输通信情况,查看远程客户端是否收到测试数据,以及收到的测试时间、数据量,并检查分析测试数据的合理性。

(5)应依次检查传感器、供电电源、传输天线,确保数据传输正常。

(6)进行信息送达调试,包括预警信息下发测试、预警喇叭现场远程唤醒测试、采集频率动态调整测试。

5.1.3 系统平台运行维护

(1)宜定期对系统平台的系统状态、网络情况进行检查。应针对系统平台的CPU运行状态、内存状态、磁盘状态、安全设备及数据库软件、中间件等基础软硬件设施进行检查;应针对网络路径是否正确、网络防火墙是否建设好、网络安全能否得到保证进行检查。

(2)宜定期对监测预警平台的运行状态进行检查。应对系统日志、监测仪器在线率、数据入库、各模块运行状态进行检查,确保监测预警平台的稳定运行。

(3)针对突变性的监测数据和预警信息,应及时检查数据来源,判断发生的原因并提出解决方案。

5.2 人工巡查巡检

监测运行期间,为保障监测数据真实反映监测对象客观变化情况,应组织定期和不定期人工巡查,对全站仪、压力盒、监测钻孔、通信线缆、防雷装置等监测仪器设施进行检定与维护,及时修复存在的问题;研判监测数据是否与监测对象的客观变化情况相符,及时发现未受监控部位等。

5.2.1 宏观变形巡查

宏观变形巡查主要是观测地质灾害发生前后异常现象的变化。巡查发现重大异常现象时,应及时上报。

1.巡查目的

巡查的目的是观测地质灾害发生前后异常现象的变化,及时发现潜在的地质灾害隐患,并采取相应的预防和处置措施,以防止灾害事故发生。

2.巡查内容

地质灾害巡查主要包括巡查范围、巡查对象、巡查要点、巡查工具等。

(1)巡查范围:确定巡查的具体范围,包括地理位置、面积范围等。

(2)巡查对象:确定巡查的对象,包括易发地质灾害区域、建筑工地、交通隧道、水库等。

(3)巡查要点:确定巡查的各类地质灾害的重点要点,包括土壤质地、地质构造、降水情况、山体稳定性、水位等。

(4)巡查工具:确定巡查过程中需要使用的工具,包括地质勘查工具、计量器具、防护设备等。

3.巡查流程

地质灾害巡查流程包括以下5个方面。

(1)前期准备:确定巡查时间、路线,组织巡查人员检查巡查工具是否完备。

(2)实地巡查:按照巡查要点对巡查范围内的地质灾害隐患进行实地巡查,记录发现的问题并拍照。

(3)信息整理：对巡查过程中收集的信息进行整理，对已发现的地质灾害隐患进行评估分类。

(4)报告汇总：根据整理后的信息撰写巡查报告，并根据需要进行汇总和分析。

(5)处理措施：根据巡查报告的分析结果，采取相应的预防和处理措施，修复已发现的地质灾害隐患，加强监测和预警工作。

4.巡查人员要求

要求巡查人员具备以下技能和资质：①具备地质学或相关专业知识，熟悉地质灾害的特征及其预防措施；②具备实地巡查和判断地质灾害隐患的能力；③具备基本的应急救援知识。

5.2.2 监测设施巡检

(1)监测仪器出现故障后，要及时维护，并填写维护记录表。

(2)监测仪器发出预警信息后，要分级及时处置。

(3)项目约定服务期结束后，及时编制成果报告。

5.3 监测数据维护

数据维护是为保证监测数据正常而在后台进行的数据检查与分析工作，主要是检查数据的完整性且排除异常数据，分析监测数据与真实形变的对应性，及时处理异常和错误数据并做好记录。数据维护应充分利用人工智能和大数据分析手段。

5.3.1 数据完整性检查

监测数据采集单位应按照规定的采样方法和频次进行数据采集，并记录相关信息，如采样时间、地点、仪器型号等。数据处理中心应建立完善的数据存储系统，包括数据库和文件系统，以确保数据的安全性和可靠性。同时，定期对存储的数据进行备份，备份数据应存放在不同的地点，以防止数据丢失和损坏。

5.3.2 异常数据处置

数据处理人员应对采集到的数据进行校正、验证和整理，确保数据的准确性和一致性。对于异常数据，首先应明确其真伪，确定为假数据后，可采取删除异常数据、替换异常数据、插值法处理异常数据、离群法处理异常数据和异常数据分析与修正等方法处置。

5.3.3 存储空间维护

5.3.3.1 存储空间维护的重要性

(1)保证数据的可靠性和安全性：存储维护包括数据备份、数据恢复和灾备策略，能够保证数据不会因为硬件故障、人为操作失误或自然灾害等原因而丢失或损坏。

(2)提高存储设备的可靠性:定期维护和巡检能够帮助发现并及时修复硬件故障,从而提高存储设备的可靠性,减少故障的发生频率。

(3)优化存储系统性能:存储维护中性能优化工作,如数据整理和磁盘清理等,能够提升存储系统的读写速度,提高业务处理的效率。

(4)减少业务中断的风险:存储维护中的故障排除和紧急响应机制能够保证在存储设备发生故障时,能够及时恢复业务,降低业务中断的风险。

5.3.3.2 存储空间维护的方案内容

1. 数据备份和恢复策略

(1)定期全量备份:建立全量备份计划,定期对存储设备中的所有数据进行全量备份,确保备份数据的完整性和一致性。

(2)增量备份:在全量备份之后,进行增量备份,只备份发生变动的数据,减少备份时间和存储空间的占用。

(3)数据恢复测试:定期进行数据恢复测试,验证备份数据的可用性和完整性,确保在灾难发生时能够快速恢复数据。

(4)异地备份:将备份数据存储在异地设备或云平台,以防止主数据中心发生灾难导致数据无法恢复。

2. 存储设备健康巡检

(1)硬件巡检:定期对存储设备的硬件进行巡检,包括磁盘、存储控制器、电源等,检查是否存在故障或潜在故障。

(2)温度和湿度检测:监控存储设备所在机房的温度和湿度,确保环境条件符合存储设备的要求,防止温度过高或湿度过大对设备的损害。

(3)定时清洁:定期对存储设备进行内外部清洁,避免灰尘和异物对设备的影响,保持设备的正常运行。

(4)固件升级:定期检查存储设备的固件版本,及时升级到最新版本,以获得更好的性能和安全性。

3. 存储性能优化

(1)空间管理:定期进行存储空间的容量规划和效能分析,避免存储空间不足导致业务中断,优化存储资源的利用。

(2)数据整理和优化:对存储设备中的数据进行整理和优化,如数据压缩、去重和归档等,提高存储系统的性能和存储效率。

(3)磁盘清理:定期清理存储设备中的无用数据,如临时文件、日志文件等,以释放存储空间,提高存储性能。

(4)缓存配置和调整:根据业务需求和存储设备的性能特点,合理配置和调整存储设备的缓存参数,提高存储系统的读写速度。

4.故障排除和紧急响应机制

(1)故障监控:建立存储设备的故障监控系统,可以实时监测存储设备的状态和性能,及时发现故障,并发送报警通知。

(2)故障诊断:在存储设备发生故障时,进行故障诊断,确定故障原因,并采取相应的修复措施,保证业务的连续性。

(3)紧急响应流程:建立紧急响应流程,明确故障处理的责任人和步骤,保证故障能够在最短时间内得到解决。

(4)历史故障分析:对存储设备的历史故障进行分析和总结,找出故障的共性和规律,以便改进存储维护方案,避免再次发生相同故障。

5.4 预警与处置

在充分研究地质模型的基础上,依据设定的预警模型和预警阈值开展地质安全风险预警。按照预警等级,根据制订的预警预案采取对应的处置措施。预警模型应设置多参数综合预警。预警阈值设定是一个无限逼近的过程,应通过区域地质规律研究、地质模型完善、预警模型优化,综合应用人工智能和大数据分析手段不断优化。

5.4.1 预警规则调整

1.预警等级划分

按照《中华人民共和国突发事件应对法》预警级别的规定,根据地质灾害的危险性,地质灾害预警可分为注意级、警示级、警戒级、警报级 4 级,预警信号分别用蓝色、黄色、橙色、红色表示。地质安全问题的监测预警等级亦可参考地质灾害预警等级的划分,4 级预警级别可概略地按如下标准划分和确定。

(1)注意级(蓝色):隐患点进入等速变形阶段,有变形迹象,一年内发生失稳破坏的可能性不大,定为蓝色预警(长期预报)。

(2)警示级(黄色):隐患点变形进入加速阶段初期,有明显的变形特征,在数月内或一年内发生大规模失稳破坏的概率较大,定为黄色预警(中期预报)。

(3)警戒级(橙色):隐患点变形进入加速阶段中后期,有一定的宏观前兆特征,在几天内或数周内发生大规模失稳破坏的概率大,定为橙色预警(短期预报)。

(4)警报级(红色):隐患点变形进入临滑(失稳)阶段,各种短临前兆特征显著,在数小时或数周内发生大规模失稳破坏的概率很大,定为红色预警(临滑预报)。

2.险情等级的划分

根据《中华人民共和国突发事件应对法》《国家突发公共事件总体应急预案》《国家突发地质灾害应急预案》的规定,地质灾害危害性一般用地质灾害险情来表示,地质灾害险情等级划分标准如下。

(1)小型地质灾害险情(Ⅳ级):破坏县级、乡(镇)级公路,造成交通中断,或受灾害威胁需搬迁转移人数在100人以下,或潜在可能的经济损失在500万元以下的灾害险情为小型地质灾害险情。

(2)中型地质灾害险情(Ⅲ级):较大规模的破坏省级公路,造成交通较长时间中断,或受灾害威胁需搬迁转移人数在100~500人,或潜在可能的经济损失在500万~5000万元的地质灾害险情为中型地质灾害险情。

(3)大型地质灾害险情(Ⅱ级):较大规模的破坏铁路干线、公路干线(国道)、水路一级同航支流,造成交通较长时间中断,或受灾害威胁需搬迁人数在500~1000人,或潜在可能的经济损失在5000万元至1亿元的灾害险情为大型地质灾害险情。

(4)特大型地质灾害险情(Ⅰ级):受地质灾害威胁需搬迁人数在1000人以上,或潜在可能的经济损失1亿元以上的地质灾害险情为特大型地质灾害险情。

3.预警等级的综合划分

在实际的地质安全问题监测预警过程中,地质安全问题的危险性级别是很难准确判定的,为此可采取以变形-时间曲线特征、宏观变形破坏迹象为基础,以变形-时间曲线的切线角、加速度、斜坡稳定性等为判据的一套综合判定地质安全问题危险性级别的方法。地质安全问题预警级别可根据其危险性和危害程度综合确定。在实施地质安全问题预警时,应同时参考危险性级别和险情等级,综合确定预警级别,具体确定方法见表5-1。

表5-1 地质安全问题预警级别的综合判定

险情等级	危险性预警级别			
	蓝色	黄色	橙色	红色
Ⅰ级	Ⅰ级蓝色预警	Ⅰ级黄色预警	Ⅰ级橙色预警	Ⅰ级红色预警
Ⅱ级	Ⅱ级蓝色预警	Ⅱ级黄色预警	Ⅱ级橙色预警	Ⅱ级红色预警
Ⅲ级	Ⅲ级蓝色预警	Ⅲ级黄色预警	Ⅲ级橙色预警	Ⅲ级红色预警
Ⅳ级	Ⅳ级蓝色预警	Ⅳ级黄色预警	Ⅳ级橙色预警	Ⅳ级红色预警

4.预警等级的调整

(1)预警级别提高:通过趋势初判,如果短期发生概率增大,经会商认定后,可以提高地质灾害预警级别。

(2)预警级别降低与解除:通过趋势初判,如果短期发生概率变小、周边影响区不会再有危害性或危险区和影响区内威胁对象已撤离,经会商认定后,可以降低预警等级或解除预警。

5.4.2 趋势初判

地质灾害的趋势初判流程为:先根据监测预警模型发出的预警提示查验对应预警曲线的变化,通过与历史数据的纵向对比以及与其他监测仪器的横向对比验证预警数据的可靠性,并立即核查验证灾害体现场的宏观表现迹象,从而实现对地质灾害发展趋势的初判。

5.4.3 预警信息处置

根据分析结果,确定是否需要发布预警。预警信息的内容包括威胁的性质、可能影响的范围、建议的应对措施等。制订预警信息的内容后通过合适的渠道(如短信、电子邮件、广播、社交媒体等)发布。

1. 提出预警级别建议

由监测单位和监测责任人根据现场调查、监测资料等相关信息,进行综合分析研判,预测地质灾害变化发展趋势,对地质灾害进行险情识别和危险性评估,对已发生的地质灾害进行灾情核实,以此提出预警级别建议[5]。

2. 组织预警会商

由责任单位或地方人民政府或自然资源行政主管部门组织相关部门地质灾害防治专家和专业技术人员进行会商,对预警级别建议开展技术研判,确定预警级别,提出应急处置方案,形成地质灾害预警技术会商专家组意见和行政会商纪要。

3. 制作预警信息

依据地质灾害预警会商结果或者地质灾害险情判识、灾情核查结果,按照要求制作地质灾害预警信息或预警产品。

4. 预警信息审核与签发

对地质灾害预警信息的真实性、准确性和内容完整性进行审核后,经相关审批程序后,由发布机关的主要领导予以签发。

5. 发布预警信息

地质灾害预警信息发布应依据预警级别和当地实际,选择合理、有效的发布方式,做好信息发布跟踪与记录工作[6]。

5.4.4 预警响应与应对

如若该地质安全隐患威胁对象包含了工棚宿舍或居民住户或除本工程设施以外的道路、桥梁、楼房等社会财产,责任单位还应上报地方人民政府或自然资源行政主管部门,由政府部门启动社会层面的应急响应工作。

1.蓝色预警响应措施

蓝色预警发出后,专业监测部门应持续关注预警系统监测数据,巡查人员应进行宏观巡查。

2.黄色预警响应措施

黄色预警发出后,专业监测部门应到现场开展核查并加强分析研判;监测预警责任人、巡查人员应对宏观迹象加强现场巡查;将有关情况及时上报至有关部门和主管责任人。

3.橙色预警响应措施

橙色预警发出后,专业监测部门加强监测数据分析,开展短期预警,预测发展趋势;监测责任人、巡查人员应及时赶赴现场对宏观迹象进行巡查,加强对宏观变形迹象的监测,开展短临预警;工程防灾责任人会同专业监测部门前往现场进一步核查,并将有关情况反馈至上一级主管部门。

4.红色预警响应措施

红色预警发出后,专业监测部门第一时间分析监测数据,开展临灾预警;监测责任人、巡查人员应第一时间赶赴现场对宏观迹象进行巡查、排查,加强宏观变形监测及短临前兆监测,开展临灾预警,根据现场宏观变形等实际情况判定是否提前组织地质灾害危险区人员进行转移。

经专家组鉴定地质灾害险情或灾情已消除或者得到有效控制后,工程防灾部门或当地政府撤销划定的地质灾害危险区,应急响应结束。

6 监测总结阶段

监测结束后,必须对监测工作进行总结。监测总结主要包括监测质量评价、趋势分析研判、后期工作建议等内容,最后还需要对完成评价的监测成果进行归档汇交。

6.1 监测质量评价

6.1.1 监测设施质量评价

监测设施质量评价,应根据规范规定的目标可靠指标确定,质量控制的内容、步骤和方法应在实施技术要求中明确规定。

(1)可靠性和稳定性:在观测过程中,其可靠性和稳定性对观测结果的影响应限定在设计所规定的限度以内。

(2)准确度和精度:指测量结果真值偏离的程度。系统误差是准确度的标志,标准是:自身和外界影响引起的误差均能通过检测或标定控制在允许误差之内。

(3)灵敏度和分辨力:对传感器来说灵敏度愈高,分辨力愈强,标准是:使灵敏度控制在仪器本身所规定的范围内。

6.1.2 系统运行质量评价

系统运行包括工程施工期和运行期的数据采集(人工读数或自动采集)记录、数据处理与反馈、仪器维护与标定。在这个阶段,首先根据规定的读数频率,满足系统性和时间上的连续性要求,以仪器的精度和准确度为标准检测或判定数据的偏差是否正常。定期进行现场标定,检查仪器工作状态,及时维修和校正。

6.1.3 数据质量评价

由于施工人员、测量人员、仪器设备和各种外界条件(如大气折射影响)等的影响,原始监测数据不可避免地存在着误差。因此,需要对原始监测数据开展质量评价工作,进行可靠性检验和误差分析,评判原始数据的可靠性、连续性,分析误差的大小、来源和类型,并依据项目要求评判监测数据的质量水平。

6.1.4 质量管理工作

6.1.4.1 质量体系

施工单位应建立质量管理体系,推荐通过质量管理体系认证。质量管理体系要根据单位特点制订,应有效运行,进行全员全过程的质量管理,并贯穿工程施工的始终。

6.1.4.2 质量活动

施工过程中开展质量管理活动,针对施工重点及难点进行质量攻关,开展质量小组活动及质量月活动。质量活动不应流于形式,而应有针对性地开展活动并取得成效。

6.1.4.3 检查和监督

质量检查要贯穿工程施工的始终,对每道施工工序都要进行检查,包括自检、互检及专检。检查结果应记录在案,检查出的质量问题要及时整改。

质量检查应多层次进行,包括施工人员的自检、项目部组织的抽检以及施工单位进行的专检。检查的项目包括施工过程、施工管理以及材料设备等。

质量监督由监理单位主导,监理工程师对施工全过程进行监督,使每道施工工序质量可控,按照监理工程师的指令开工及完工。质量监督是监理工程师的主要职责,施工项目部施工过程及结果应满足设计规范的要求。

6.1.4.4 作业层质量控制

施工作业班组应是专业的作业队伍,具备相应工程的施工经验,掌握施工工艺及施工要点,并能有效地控制施工质量,没有相关施工经验的班组不得从事施工。

施工前对作业班组进行技术交底,明确质量控制的要点和难点,提高作业层的质量意识。新的工艺方法应先试后做并加强检查和监督。

6.1.4.5 质量管理要点

(1)严格执行基本建设程序,坚持先勘查、后设计、再施工的原则,从市场准入开始,招投标、各参建单位的选定、方案的论证、各阶段的审查、开工后的管理,一直到竣工验收都做到有章可循,杜绝质量事故的发生。

(2)施工单位要进行目标管理,提出明确、具体的质量目标。

(3)各参建单位项目机构设置和人员配备应满足质量管理的需要。一些主要技术工种和岗位施工人员,都必须经技术培训取得岗位证书,必须具备地质灾害施工经验。

(4)应明确设计变更的批准方式和要求,规定变更所需的评审、验收和确认程序,对变更是否影响施工质量进行评审,并保存相应记录。

(5)建立质量管理责任制,在工程开工前明确业主、监理、施工单位法人、总工、项目负责人、技术负责人相应的质量管理职责,以责任牌形式进行现场公示。

(6)做好重点工程、关键工序、隐蔽工程的管理,把好材料进场、隐蔽工程验收和中间交工关。

(7)提升质量意识,地质灾害治理工程是造福人民群众的民生工程,为保证工程质量应加强施工人员、技术人员及参建单位管理人员的职业道德教育,加强全员质量意识,增强工作责任心。

6.2 趋势分析研判

在趋势分析过程中,事先收集整理各类不良地质条件、地下水作用、注浆等因素对测值影响的资料,掌握它们对测值影响的规律,进行综合分析,往往有助于对监测资料的规律性、相关因素和产生原因的认识与解释。

6.2.1 分析研判内容

(1)各监测要素随时间变化的趋势性,分析致灾体变形动态、应力状态等发展趋势。
(2)各监测要素特征值变化的规律性,分析致灾体变形总量、速率及气温等环境因素影响。
(3)不同监测要素之间相关关系变化的规律性,分析降水、冲刷、采掘等因素对致灾体变形的影响。

6.2.2 宏观变形分析

实践证明,各类地质灾害都有其自身形成、发展和消亡的地质历史演化过程与规律,演化过程中会表现出阶段性特征,在地表往往出现凭肉眼或借助于简便的测量工作便可现场识别的迹象。地质体不同发展阶段的外形和内部结构特征往往会有所区别。这些特征可作为判别地质体是否已发生变形和变形所处发展阶段的地质依据。这往往是地质隐患发展演化阶段的时间和空间分析中极为重要的环节,是趋势分析研判的重要依据。

6.2.3 监测数据分析

监测数据分析应了解各监测物理量的大小、变化规律、趋势,以及效应量与原因量之间(或几个效应量之间)的关系和相关程度。有条件时,还应建立效应量与原因量之间的数学模型,解释监测量的变化规律,在此基础上判断各监测物理量的变化与趋势是否正常、是否符合技术要求;并对各项监测成果进行综合分析,揭示灾害体及工程结构的异常情况和不安全因素,评估其安全状态并做出预报,为可能采取的工程决策提供技术支持。

1.资料整理

资料整理包括数据处理(原始数据转换、计算)、统计、曲线绘制等。监测数据处理后的成果数据应及时转换为数字化监测记录表格或录入监测数据库。

(1)数据预处理:可采用移动平均法、指数平滑法等趋势预测方法,结合宏观地质现象等预测灾害体短期变形发展趋势。进行趋势预测时应对监测数据序列进行插补、剔除、平滑、滤波等处理,降低误差影响。

(2)数据统计内容:①某时间段(如日、旬、月、季、年)动态要素的变化量(如位移量、应力变化量、降水量、倾斜变化量、水位变幅等)、变形方向及变形速率;②某时间段动态要素的特征值,如最大值、最小值、平均值、累计值等。

(3)根据分析需要绘制各监测要素曲线图:①水平位移随时间曲线图;②垂直位移随时间曲线图;③裂缝相对位移(张合、水平错动、垂向下沉分量及三分量合成量)随时间曲线图;④深部位移曲线图;⑤地面倾斜角随时间曲线图;⑥应力随时间曲线图;⑦降水量和降水强度随时间曲线图;⑧地下水位随时间曲线图等。

(4)根据分析需要绘制多监测要素对比曲线图:①同一部位不同要素过程线对比图,如地表绝对位移和裂缝相对位移随时间曲线对比图、位移和降水量随时间曲线对比图等;②不同部位同一要素过程线对比图,如同一监测剖面上不同点的地表绝对位移随时间曲线对比图等。

2.数据分析

监测资料的分析方法可粗略分为以下几类。

(1)定性的常规分析方法:如比较法、作图法、特征值统计法和测值因素分析法等。

(2)定量的数值计算方法:如统计分析方法、有限元分析法、反分析方法等。

(3)数学物理模型分析方法:如统计分析模型、确定性模型和混合性模型等。

(4)应用某一领域专业知识和理论的专门性理论方法:如边坡安全预报的"斋藤法"、边坡和地下工程中常用的岩体结构分析法(块体理论分析法)等。

6.2.4 总体趋势研判

通过整个监测工程期间监测数据的分析和野外宏观地质现象的判断,总结地质隐患体的变形发展规律,并对其未来发展变化的整体趋势做出预测。

(1)考察各要素随时间变化的趋势性,分析灾害体变形动态、应力状态等发展趋势。

(2)考察各要素特征值变化的规律性,分析灾害体变形总量、速率及气温等环境因素影响。

(3)考察不同要素之间相关关系变化的规律性,分析降水、冲刷、采掘等因素对灾害体变形的影响。

6.3 后期工作建议

在发展趋势分析研判的基础上,提出运行、维护、维修意见和措施,以及是否持续监测的意见和对处理工程异常或险情的建议。

6.4 成果的汇交与归档

"西南山区重大工程地质安全监测工程"(以下简称"监测工程")建设由西南山区重大工程实施单位组织实施,并对其质量和最终成果资料归档负总责。

参建单位对提交的归档成果内容、质量负责;监理单位对施工单位及自身的归档成果内容与整编质量负责,实行监理审核签字手续,有专题审核鉴定报告。

6.4.1 监测成果提交

(1)监测成果提交应符合业主方的要求。

(2)监测运行期间,监测单位须同时提交电子版和纸质版监测平面布置图、剖面图及监测报表(旬、月、季、半年、年、专报),报表中应包含明确、可靠的结论。

(3)监测结束后,监测单位应及时向业主方提交监测总结报告,监测总结报告中应包含明确、可靠的结论以及下一步防治工作建议。

6.4.2 监测成果归档

(1)监测须归档成果包括纸质文件、电子文件、信息化成果文件。

(2)监测归档资料包括:地质环境资料等基础资料;监测施工监理及验收文件;监测设计书、外业原始资料、监测平面布置图、剖面图、监测原始数据、监测报表(旬、月、季、半年、专报)、年度总结报告、专家会商意见;项目实施验收相关文件资料;监测项目资金相关文件等。

(3)归档的纸质文件应有一套完整、齐全的原件。内容必须真实、准确,结论可靠,建议必须具有针对性。

(4)源电子文档、存档电子文档、信息化成果电子文档应分门别类进行整理归档,其中存档电子文档应统一上传至各市、州地质灾害监测预警信息系统。

(5)监测成果归档参照相关标准规范,如《地质灾害监测资料归档整理技术要求(试行)》(T/CAGHP 047—2018),亦可按照业主方要求。

7 监测技术方法

重大工程地质安全监测的内容主要包括形变、应力、应变、地下水、震动、声发射和其他环境因素等的监测,也有针对特殊环境的发射性内容监测。

监测的方法主要包括仪器设备精准监测和人工简易监测。针对重大工程的地质安全监测以仪器设备精准监测为主,以人工巡查和人工简易监测为辅,充分运用新技术新设备开展监测。

7.1 形变监测

7.1.1 绝对位移监测

绝对位移监测是测量测点的三维坐标,从而得出测点的三维变形位移量、位移方向与位移速率,是最基本的常规监测方法,同时也是地质体、构筑物形变监测的重要内容。绝对位移监测主要有大地测量法、全球定位系统(GNSS、GPS)测量法、三维激光扫描测量法、近景摄影测量法、InSAR 监测测量法、地基合成孔径雷达(GB-SAR)、机载激光雷达 LiDAR 监测等。

7.1.1.1 大地测量法

1. 原理

大地测量法通常用视准线法、小角法、测距法监测单方向水平位移;用两方向(或)三方向前方交会法,以及双边距离交会法监测二维水平位移(X、Y);用几何水准测量法、精密三角高程测量法观测垂直方向(Z)位移。大地测量法工作原理及实际测量图如图 7-1 所示。

2. 特点

大地测量法具有量程不受限制,能大范围全面布控构成监测网,技术成熟、精度高,结果可靠的特点;但易受地形通视条件和气象条件(风、雨、雪、雾)影响,外业工作量大、周期长,不能实时连续监测。

3. 监测布置

观测点分为固定观测点(控制点)和变形观测点,均需建立监测墩标。固定观测点(控制点)埋设在变形体之外稳定区(如基岩地带),变形观测点主要布置在变形体主轴观测剖面线上,也可建立监测网对变形体整体变形进行控制。

4.常用仪器设备

大地测量法常用仪器设备有高精度测角、测距的光学仪器和光电测量仪器,如全站仪(图 7-1b)、水准仪、经纬仪等。

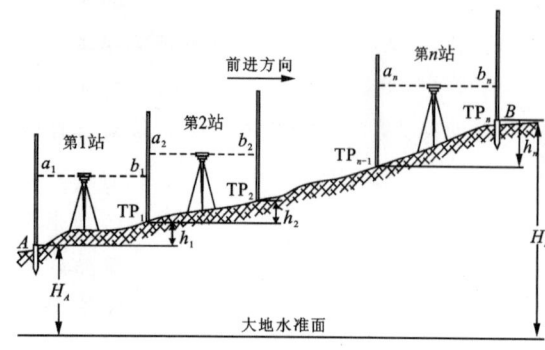

a.大地测量原理图

b.全站仪测量

图 7-1 大地测量法工作原理及实际测量图

7.1.1.2 全球定位系统测量法

1.原理

全球定位系统测量法采用"一个基准站+多监测站"布设方法,利用两台以上的接收机同时观测同一组全球导航卫星系统(global navigation satellite system,简称 GNSS)卫星,然后计算接收机间的相对位置。目前,这种定位方法成为精密定位中的主要作业方式。全球定位系统监测技术工作原理及实物布置图如图 7-2 所示。

2.特点

全球定位系统测量法精度高、投入快、易操作,可全天候观测,不受通视条件的限制,但受地物、高压线等影响较大,可应用于高陡斜坡不同变形阶段的表面位移监测;但监测点的数量很多时需要大量的卫星信号接收机,其投资很大,具有要求天空视角开阔、高程测量精度不高、数据解算延时和存在波动等缺点。

3.监测布置

测点位应呈剖面和网格状布设在灾害体变形量较大、稳定性状态差处,基准站应布设在灾害体外围稳定处。

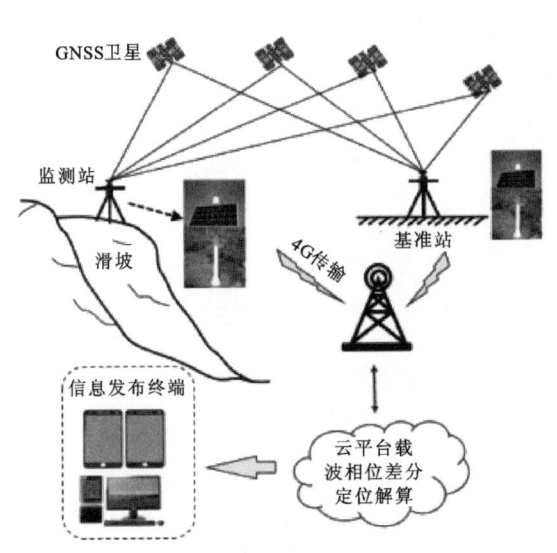 

a. GNSS监测技术原理　　　　　　b. 一体化GNSS监测站

图7-2　全球定位系统监测技术工作原理及实物布置图[7]

4. 常用仪器设备

常用仪器为全球导航卫星系统,包含中国的北斗、美国的 GPS、俄罗斯的 GLONASS 和欧洲的 Galileo 等多个系统。

7.1.1.3　三维激光扫描测量法

三维激光扫描测量法通过扫描监测,掌握隐患体变形方向、量级、速率等信息,为隐患防治方案的确定提供依据。利用三维扫描监测数据,分析获取地质灾害体上点、线、面(体)多角度变形特征,监测其动态变化,满足地质灾害防治工程施工期安全监测需要,保障施工安全,掌握隐患治理工程的效果。

1. 原理

三维激光扫描系统主要由快速精确的激光测距仪和可引导激光以等角速度扫描的反射棱镜组成(图7-3)。激光测距仪发射激光,并同时接收来自斜坡表面的反射光信号进行距离测量;针对每个地物扫描点的信息,借助与测站至扫描点的斜距,配合激光扫描的水平与垂直方向角,可以计算出每个地物扫描点相对于测站的三维空间相对坐标;如果测站的三维坐标已知,或者欲测量斜坡表面有足够的控制点坐标,即可换算每一扫描点的三维大地坐标。当地质体存在变形时,通过周期性重复扫描,计算不同期次之间地表扫描点的坐标差,即可以获得地质体表面的变形数据,三维激光扫描系统工作原理如图7-4所示。

a.Riegl LMS-Z210

b.Riegl LMS-Z420i

c.圆柱型放射器
（高100mm,直径100mm）

d.反射棱镜

图 7-3　激光扫描系统所采用设备

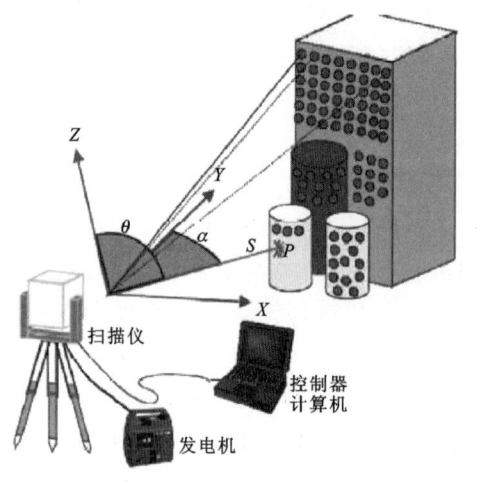
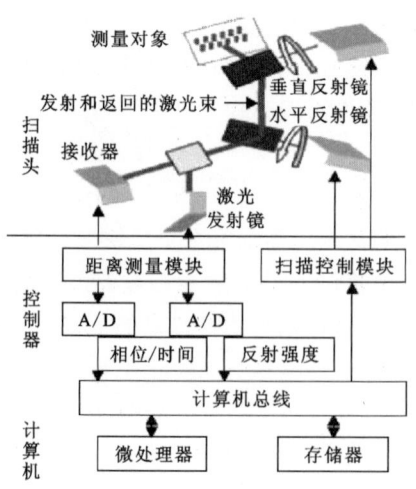

图 7-4　三维激光扫描系统工作原理图

2. 特点

三维激光扫描技术可以获取高密度、高精度的三维点云数据,运用三维激光扫描仪获取"面"式点云数据进行特征提取,可精确获得整个坡体地面任何时刻的变化状况。因此,三维激光扫描技术具有绝对的先进技术优势和应用潜力。这种监测方法具有无须事先埋设监测设备、无接触测量、监测速度快、测量精度高、能够反映坡体的总体变形趋势等优点,比较适合大变形滑坡边坡的监测应用。

3. 监测布置

在进行激光扫描时,需要将激光扫描仪安装固定或移动于扫描区域内,在扫描过程中需要注意避免遮挡物的干扰[8]。

1) 扫描测站布设

(1) 依据地形地貌类型、扫描距离、角度等环境条件,合理确定扫描测站。

(2) 扫描测站宜埋设在具有强制对中的观测点上,基础应埋置在冻土线以下不低于 0.1m 处。

(3) 扫描测站必须布设在地质隐患可能变形或失稳的影响区外围,并应布设在视野开阔、基础稳固、便于安全保护的高处。

(4) 扫描站点的布设数量应按扫描监测水平扫描角度和垂直扫描角度的范围确定,并应满足数据拼接的方法和要求,不宜设置过多站点进行数据拼接。

(5) 隐患体表面形态复杂、通视条件困难或扫描路线有拐角时,应增加扫描测站。对于"三角状孤立型"地形地貌类型,应不少于 4 个扫描测站;对于"凸型"地形地貌类型,应不少于 2 个扫描测站;对于"凹凸相间型"地形地貌类型,应不少于 3 个扫描测站。

(6) 对于已有成果资料的控制点,应对其适用性进行分析,当其位置、等级、坐标系统等符合扫描监测要求时,可作为扫描测站使用。

2) 标靶布设

标靶包括基准标靶和监测标靶两类。

(1) 基准标靶:布设以下 5 个方面。

① 基准标靶应布设在视野开阔、易于寻找、视线良好处,且扫描激光宜垂直入射标靶。

② 应根据扫描监测的距离确定基准标靶大小,严禁布设过远或者激光反射强度衰减或激光反射无法到达的标靶。

③ 基准标靶应布设在远离并可能失稳的地质灾害体以外的稳固、安全区域,按全圆均分角度、错落有致、均匀分布,并宜覆盖扫描监测对象的范围。严禁布设在一条直线或偏向一侧,宜在扫描站点周围且构成一定的空间几何图形。

④ 对于小区域隐患,基准标靶不少于 4 个;对于大区域隐患,每间隔 300~500m 应布设 1 个基准标靶。

⑤ 利用基准标靶作为数据拼接时,单个扫描测站的基准标靶不应少于 4 个,相邻两个扫描测站的公共基准标靶不少于 3 个。

(2)监测标靶:布设包括以下 7 个方面。

①监测标靶的布置应根据地质灾害的范围大小、变形方向、失稳模式、地质环境、地形地貌特征进行布设。

②对于一级监测,监测剖面不应少于 3 条,监测标靶不少于 5 个;对于二级监测,监测剖面不少于 2 条,监测标靶不少于 4 个;对于三级监测,监测剖面不少于 1 条,监测标靶不少于 3 个。

③监测标靶的布设要根据地形条件,隐患体可能的失稳机制,变形破坏起始位置,地表呈现的变形程度的差异、分区,扫描监测通视条件等综合因素确定,布设既能全面控制,又能主次区分,整体能反映地质灾害变形特征的变形监测网。监测标靶网形布置及适宜性具体见表 7-1。

表 7-1 监测标靶网形布置及适宜性一览表

网形	布置特征	适用条件
十字形网	纵、横向测线呈"十"字形,测线上布测点	隐患体范围不大,变形或破坏方向明确
方格形网	多条纵、横测线组成方格网,测点位于交叉点上,其变异网形有"丰"字形、"廿"字形、"卅"字形等	监测精度高,适用于地质结构复杂、具有分区或分块的崩塌、滑坡群
三角(或放射)形网	监测标靶布置呈三角状或射线状,测线上布监测标靶点,方向应正对监测站(墩)	适合平面大致呈三角形的崩塌、滑坡
对标形网	在滑带、裂缝两侧布设,监测标靶对标的位移,后缘的标靶尽可能布设在稳定岩土体上。此网为其他网形布设困难时采用	适合重点部位监测,无法兼顾全面
多层形网	地表布设前述任一种网形,监测不同高程、部位的变形	适合厚度大、垂向有次滑面、垂向岩土体结构变化大的崩塌、滑坡

④对于推移式滑坡、坠落式或倾倒式崩塌,监测标靶应在地质灾害体上部加密布设;对于牵引式滑坡、滑塌式崩塌,应在地质灾害体下部加密布设监测标靶。

⑤在滑坡体的鼓胀带及崩塌体的拉张带部位,应加密布设监测标靶。

⑥当监测标靶布设的"拟定纵向剖面"与崩塌、滑坡变形方向一致时,由中部向两侧对称布设;"横向剖面"宜与"纵向剖面"垂直,由中部向上、下方向对称布设。

⑦在特危困难区域,明显的地物特征点可作为监测标靶使用。

4.常用仪器设备

常用仪器设备为三维激光扫描仪(车载式与便携式)。

7.1.1.4 近景摄影测量法

1. 原理

随着无人机技术的突飞猛进,利用无人机可进行高精度(厘米级)的垂直航空摄影测量和倾斜摄影测量,并快速生成测区数字地形图、数字正射影像图、数字地表模型、数字地面模型。近景摄影测量法工作原理如图7-5所示。近景摄影测量法利用三维数字地表模型(digital surface model,简称 DSM)不仅可以清楚直观地查看斜坡的历史和现今变形破坏迹象(如地表裂缝、拉陷槽、错台、滑坡壁等),以此发现和识别地质灾害隐患,还可进行地表垂直位移、体积变化、变化前后削面的计算(图7-6)。

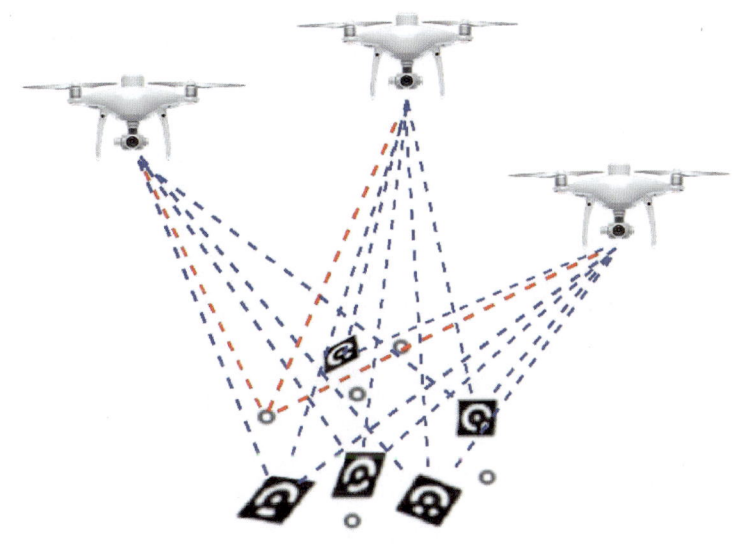

图7-5 近景摄影测量法工作原理图

2. 特点

近景摄影测量法是基于无人机摄影测量的变形监测,需要少量固定控制点来进行定位定向,所获得的变形属于以测桩测量数据为基础的相对变形,对地质体绝对位移和变形敏感性较差,并且由于传感器及相应算法的限制,其监测精度低于水准测量和 GNSS 等。由于该方法基于倾斜序列影像进行建模和测量,受无人机续航时间、影像传感器、云雨天气等限制,数据采集属于非连续间断模式,无法实现连续实时监测,存在一定的监测空白期。同时,受点云处理相关算法的限制,点云生成及配准过程中仍需要部分人机交互操作,配准精度受人工操作影响较大,自动化水平有待进一步提高等。

3. 外业布置

结合工作区具体地形气象条件,以及最终成图要求,确定航线并结合任务载荷性能指标进行航线精确设计;针对不同调查区实际条件,选用国家统一坐标系或采用相对坐标系进行

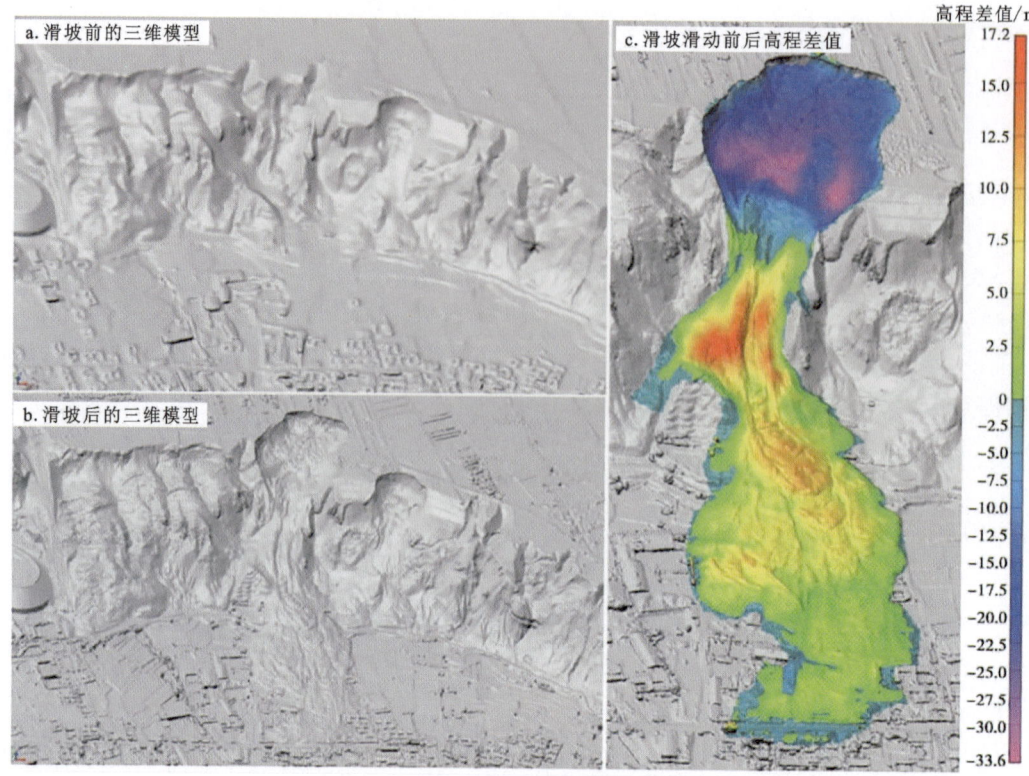

图 7-6 近景摄影测量在滑坡监测中的应用[9]

地面控制,控制点指标应满足测图需求;航摄实施阶段应满足航空管制要求,制订详细的飞行计划和应急预案,必要时应准备多处备降场地。在具体实施过程中应注意监测风力变化,采用固定翼和直升机工作时风力不得大于 4 级,飞艇应不大于 3 级。

4. 常用仪器设备

常用仪器设备有多旋翼、固定翼无人机和直升机。

7.1.1.5 InSAR 监测测量法

InSAR 是合成孔径雷达干涉技术(interferometrc synthetic aperture radar)的英文缩写,是新近快速发展起来的一种全新的地面变形测量手段。该技术不但弥补了 GNSS 测点稀疏带来的信息损失,而且能弥补普通 GNSS 对高程测量精度不高的缺陷。以 InSAR 为基础发展的差分雷达干涉测量对于高程的变化具有高度的灵敏性,可以利用这一技术特点来精确地测定不良地质体表面的位移变化。

1. 原理

合成孔径雷达干涉技术(InSAR)是以波的干涉为基础,使用平行飞行的两个分离雷达天线(双天线方式)所获得的同一地区的两幅微波图像,或者同一个雷达对同一地区重复飞行两次(重复轨道方式)获得的两幅微波图像。如果两幅图像满足干涉的相干条件,可对它们进行相位相干处理,从而产生干涉条纹,它反映的是相位的变化,这种图像叫做干涉图。干涉图是由两幅图像对应的地面地形变化、数据获取轨道不同以及其他引起相位发生变化的因素所产生的。如果地面没有变形或受其他因素的影响,通过对干涉图的解缠处理,可以解算出每一点的正确相位,然后由解算出的相位进一步计算出地面点到雷达的斜距以及地面点的高程。InSAR 成像几何示意图如图 7-7 所示。

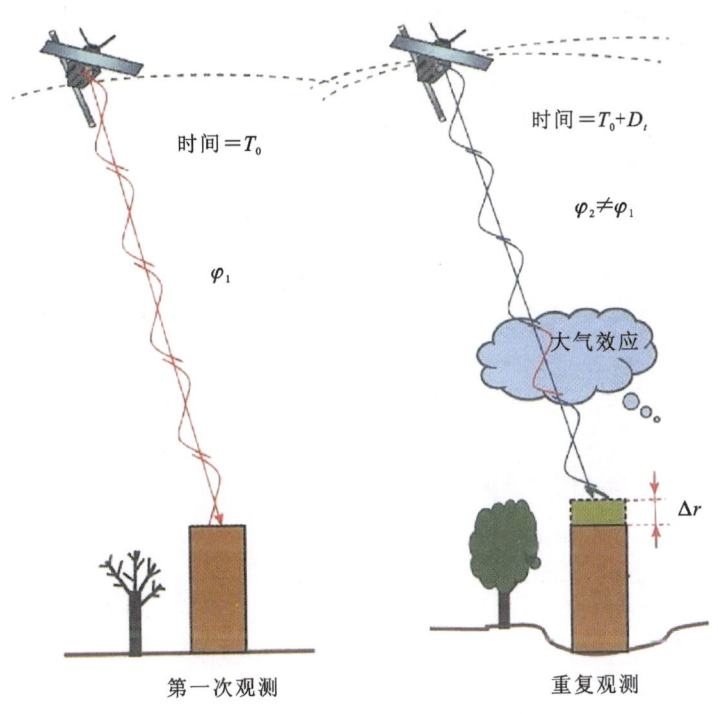

图 7-7 InSAR 监测技术原理示意图[8]

2. 特点

与其他监测方法(如 GPS、大地水准测量等)相比,InSAR 的技术优势为:主动式遥感,全天候成像;对地物几何形状、地球表面粗糙度敏感,对土壤和植物冠体具有一定的穿透力;空间分辨率高;覆盖范围大,方便迅速,可以获得某一地区连续的地表形变信息。滑坡的发生具有偶发性并伴有恶劣的天气条件,甚至发生在夜晚,利用 InSAR 技术监测滑坡具有不可替代的重要作用(图 7-8)。

InSAR 用于滑坡监测也有明显的缺点,如对大气参数的变化、卫星轨道参数的误差和地表覆盖的变化非常敏感;干涉像对空间基线和时间基线的挑选也受到一定的限制;高山地区成像时存在雷达波束迭掩和雷达阴影现象;在滑坡监测时,其存档数据的时间分辨率还满足不了要求等;虽然覆盖范围大,但在每一个点位变化量的精确程度不如大地水准测量或 GPS 所得到的成果。

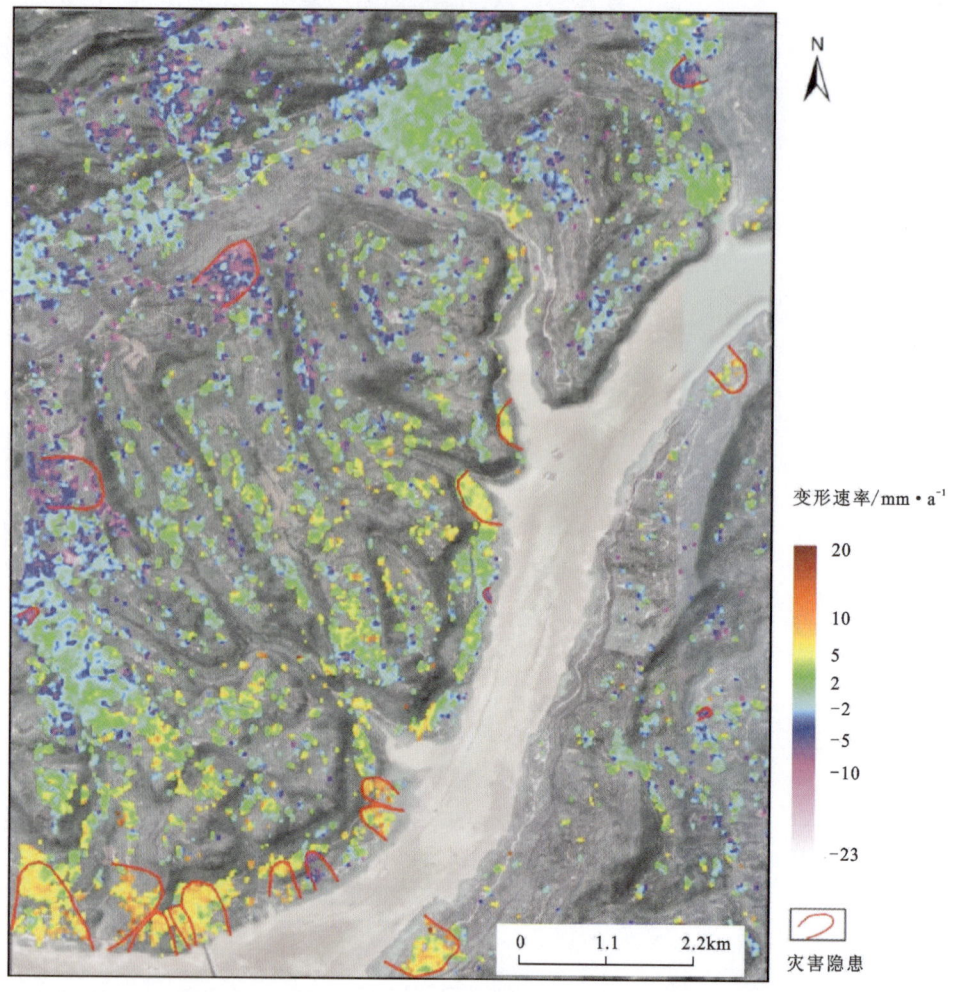

图 7-8 InSAR 在滑坡地质灾害监测的应用

3. InSAR 技术方法分类及应用

InSAR 监测各技术方法的特征及适用条件见表 7-2。

7.1.1.6 地基合成孔径雷达(GB-SAR)

地基合成孔径雷达(ground-based synthetic aperture radar,GB-SAR)是近十多年发展起来的地面主动微波遥感技术。

1. 原理

GB-SAR 技术成功综合了合成孔径雷达成像原理与电磁波干涉技术,将两张雷达图像进行比较,然后从一张测量的相位图像中减去另一张图像的相位值,从而得到观测目标的形变相位。GB-SAR 工作原理及实物如图 7-9 所示。在实际应用中,地基合成孔径雷达(GB-SAR)多在边坡监测中(图 7-10)。

7 监测技术方法

表 7-2 InSAR 技术方法特征及适用条件[10]

InSAR 方法		应用环境	适应灾害类型	SAR 数据频率/景·a^{-1}	SAR 数据数量/景	最高监测速率精度	监测幅度（年累计变形量）
D-InSAR	单 D-InSAR	适用于 SAR 数据时间间隔短和天气/季节近的环境,以避免受到多时间去相干和大气的影响;高相干、中短空间基线	滑坡、泥石流、地面沉降、地面塌陷	无限制	2	厘米级	厘米至分米级
TS-InSAR	PS-InSAR	适用于 SAR 数据时间间隔长、事件差异大的环境;可以获取 PS 点的变形时间序列,DEM 改正值和所有 SAR 影像的大气延迟量	滑坡、崩塌、泥石流、地面沉降、地裂缝、地面塌陷	≥4	≥16	毫米级	毫米至分米级
	SBAS-InSAR	短时间基线高相干,长时间基线低相干;通过较多的 SAR 干涉组合,获取灾害变形时间序列信息	滑坡、泥石流、地面沉降、地裂缝、地面塌陷	≥4	≥5	厘米级	毫米至分米级
	IPTA-InSAR	适用于 SAR 数据时间间隔长、监测区天气条件差异大的环境;可以获取 PS 点的变形时间序列,DEM 改正值和所有 SAR 影像的大气延迟量	滑坡、崩塌、泥石流、地面沉降、地裂缝、地面塌陷	≥4	≥8	毫米级	毫米至分米级
CR-InSAR		低相干,CR 需提前布设	滑坡、崩塌、泥石流、地面沉降、地面塌陷	无限制	≥2	亚毫米级	毫米至分米级
Offset-SAR		适用于 SAR 数据时间间隔长、地质灾害变体变形量大、变形梯度大的环境	滑坡、泥石流、地面塌陷	无限制	≥2	亚像素分辨率	米至百米级
上述方法组合		所有变形尺度的地质灾害监测					

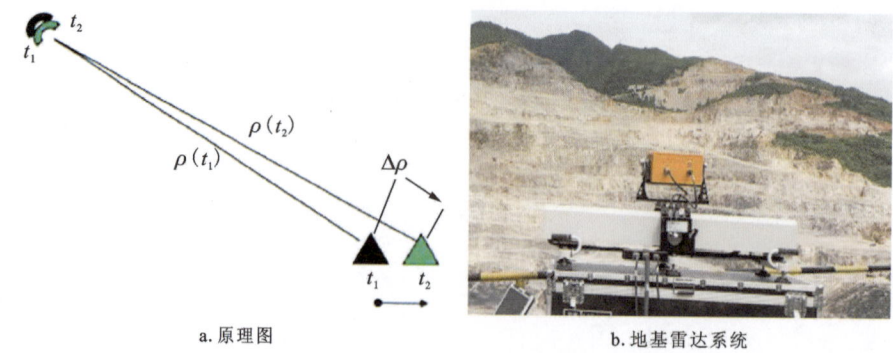

a. 原理图　　　　　　　　　b. 地基雷达系统

图 7-9　地基合成孔径雷达(GB-SAR)工作原理及实物图[11]

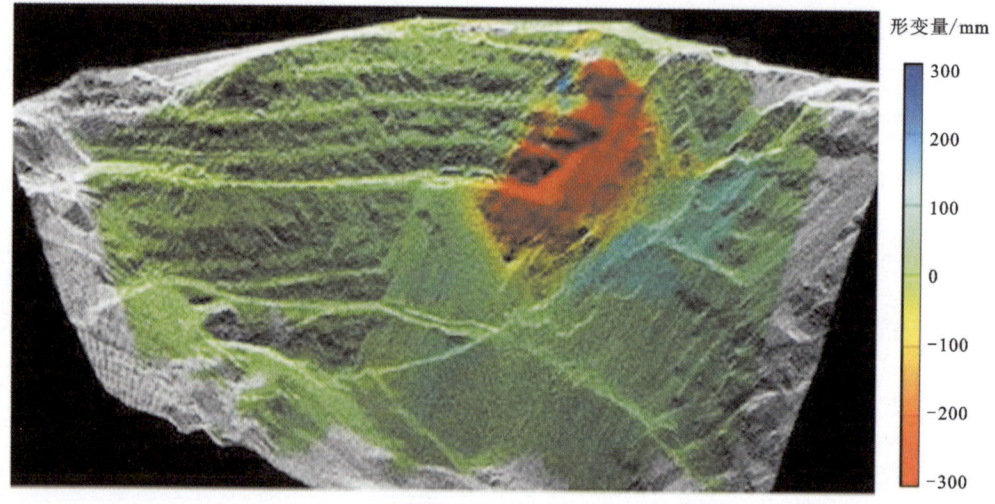

图 7-10　地基合成孔径雷达(GB-SAR)在边坡监测中的应用[11]

2. 特点

非接触式微波遥感监测技术,最大监测距离可达 5km,能实现亚毫米级精度的微小地面形变监测,具有实时性好、监测精度高、面状扫描监测、自动化程度高、监测频次高的特点,但受到天气、能见度和地表植被覆盖条件的影响和限制。

3. 监测布置

需要安装在监测目标对面的稳定基础上,观测视线方向不能有遮挡物。

4. 常用仪器设备

常用仪器设备有 LiSA GBSAR、FMCW GBSAR、FAST GBSAR 等地基合成孔径雷达监测系统。

7.1.1.7 机载激光雷达 LiDAR 监测

1. 原理

机载激光雷达 LiDAR 通过集成定姿定位系统和激光测距仪,能够直接获取观测区域的三维表面坐标,具体工作原理如图 7-11 所示。机载激光雷达 LiDAR 集成了位置测量系统、姿态测量系统、三维激光扫描仪(点云获取)、数码相机(影像获取)等设备,在实际中多应用于危岩监测(图 7-12)。

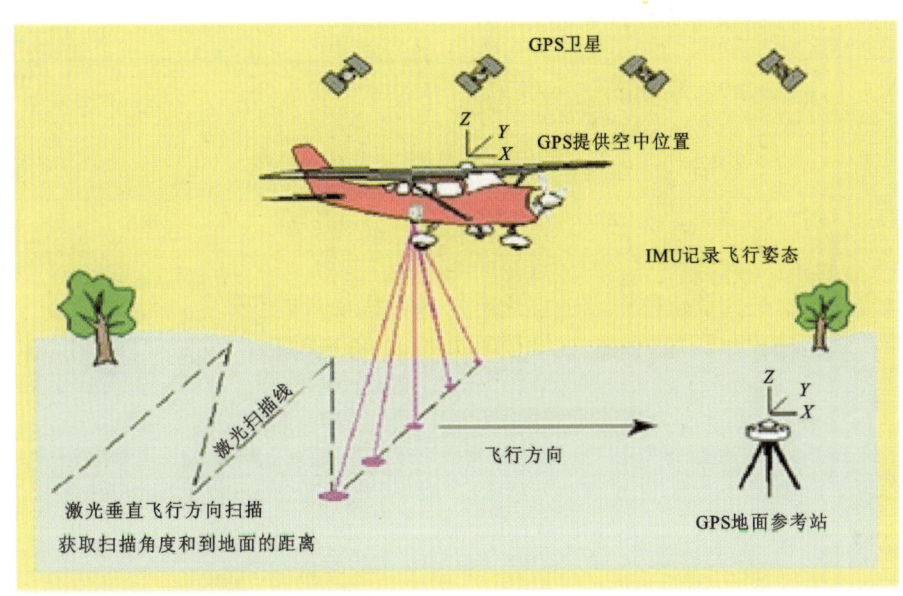

图 7-11 机载激光雷达 LiDAR 监测工作原理图

2. 特点

LiDAR 是一种非接触测量方法,不仅能够提供高分辨率、高精度的地形地貌影像,而且通过多次回波技术穿透地面植被,利用滤波算法有效去除地表植被,可获取真实地面的高程数据信息,为高位、隐蔽性的地质灾害隐患识别提供了重要手段。机载激光雷达 LiDAR 的缺点是监测频率受航次决定。

7.1.2 相对位移监测

相对位移监测是设点来测量地质体重点变形部位点与点之间的相对位移变化(张开、闭合、下沉、抬升、错动等),从而定量表示变形的一种监测方法。主要用于裂缝、崩滑带、采空区顶底板软弱夹层、危岩体边界等部位的监测,是地质灾害监测的主要内容和重要内容之一。相对位移监测主要有直接观测法、位移计测量法和三维变形测量法等。

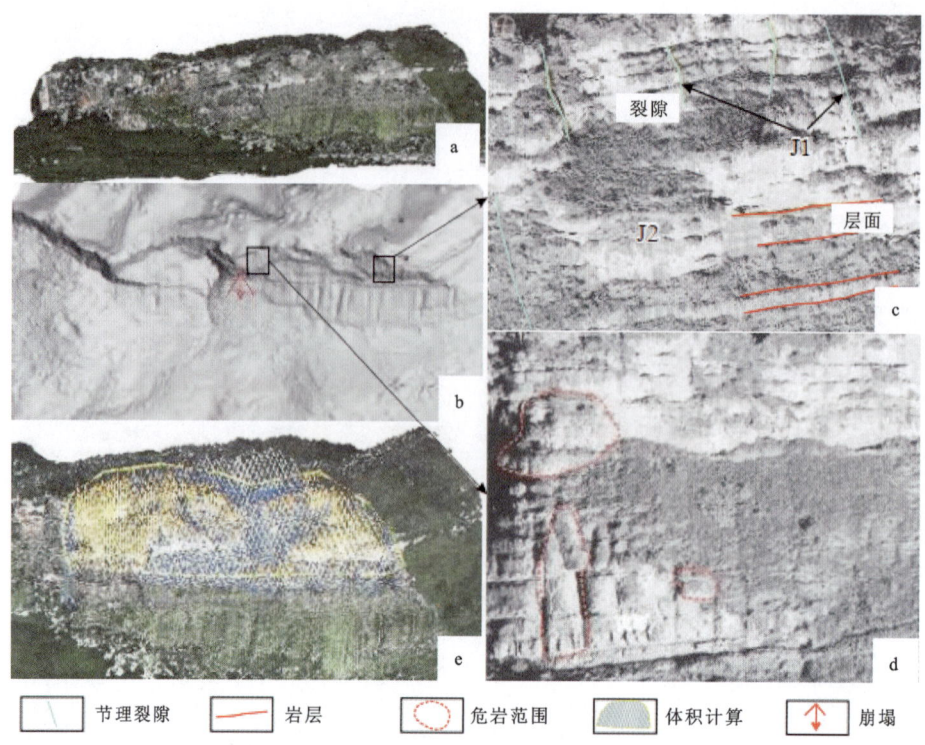

图 7-12　机载激光雷达 LiDAR 在危岩监测中的应用[12]

a.完整点云模型;b.植被过滤后的三维模型;c.岩体结构面判识;d.潜在危岩体识别;e.危岩体体积估算

7.1.2.1　直接观测法

1.原理

在裂缝或滑面两侧(或上、下)设标记或埋桩,定期用钢尺、卡尺等直接量测裂缝张开、闭合、位错或下沉等变形,常用方法有埋钉法、埋桩法、贴条法(图 7-13、图 7-14)。

图 7-13　埋钉法(左)与埋桩法(右)

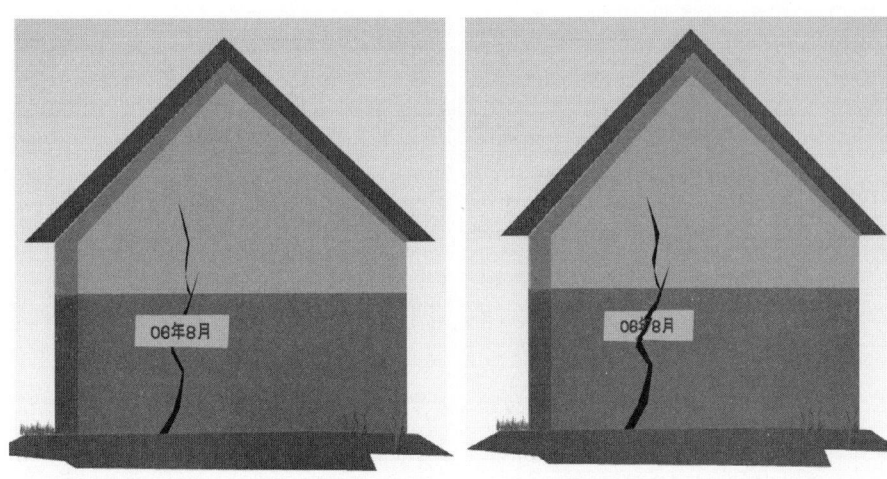

图 7-14 贴条法

2. 特点

直接观测法简便易行,投入快,成本低,便于群测群防;操作简单,直观性强,可靠度高,监测成果可与仪表监测相互校验、补充;但观测时劳动强度大。

3. 监测布置

根据地质体实际变形情况布置在裂缝、滑面等变形体的两侧。

4. 常用仪器设备

常用仪器设备有皮尺、钢尺、百分表、千分表、游标卡尺(包括数显卡尺)等测量工具。

7.1.2.2 位移计测量法

1. 原理

位移计测量法往往将电子元件制作的传感器(探头)埋设于灾害体变形部位,使用能将传感器电信号转换成人们所感知(或熟识)信息的电子仪表(如频率计之类)来观测。位移计测量法工作原理如图 7-15 所示。

2. 特点

位移计测量法的仪表灵敏度高、精度高;监测采样速度快,可自动巡回检测,远距离传输。观测的成果资料不及机测可靠度高,其主要原因为:一是传感器被长期置于野外恶劣环境中工作,防潮防锈蚀问题未能完全解决;二是测试仪表电子元件易老化,长期稳定性差,携带防震性差。

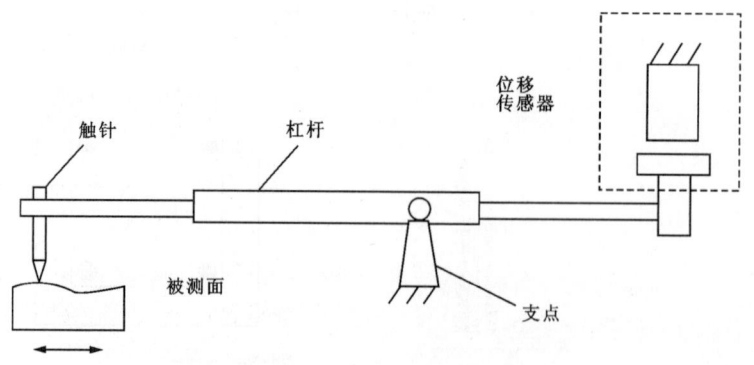

图 7-15 位移计测量法工作原理图

3. 监测布置

根据地质体实际变形情况布置在裂缝、滑面等变形体的两侧(图 7-16)。

图 7-16 拉绳式裂缝位移计的安装实物图

4. 常用仪器设备

位移计根据传感器类型可分为电感调频式、电阻式、脉冲计式、电位计式位移计等,根据位移传动方式可分为导杆式和钢弦式。

7.1.2.3 三维变形测量法[13]

三维变形测量仪是测量地裂缝两盘水平、垂直活动量的专用仪器,可连续监测并取得高精度监测数据。三维变形测量仪由野外监测系统、数据采集传输系统和远程管理系统组成,各系统拓扑结构如图 7-17 所示。

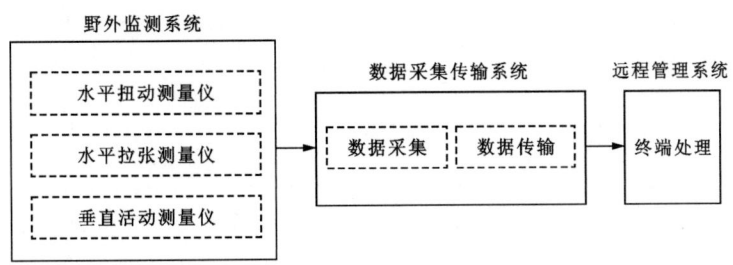

图 7-17　三维变形测量仪拓扑结构示意图

1. 测量原理

三维变形测量仪野外监测部分是由地裂缝水平扭动测量仪、地裂缝水平拉张测量仪、地裂缝垂直活动测量仪 3 个部分构成,各部分观测的物理学含义见表 7-3。

表 7-3　监测仪和监测量物理学含义特征表

仪器名称	监测量	变形性质与物理含义
地裂缝水平扭动测量仪	地裂缝水平扭动活动量	读数增大表示地裂缝上、下两盘为左旋运动,反之为右旋运动
地裂缝水平拉张测量仪	地裂缝水平拉张活动量	读数增大表示地裂缝两盘拉张变形,数据减小表示地裂缝两盘压性变形
地裂缝垂直活动测量仪	地裂缝垂直活动量	读数增大表示上盘相对下盘抬升(负数表示上盘低于下盘)

(1)地裂缝水平扭动测量仪以智能化位移传感器为测量元件,发射端激光光源发射平行光投射到接收端,接收端记录投影位置并转换为电信号。发射端和接收端分别安装在地裂缝上、下两盘,当地裂缝发生错动时,输出的电信号发生改变,以此判断地裂缝的水平扭动活动量。

(2)地裂缝水平拉张测量仪采用比较法原理,以在一定张力下形成的弧长作为基准长度,与两个测点之间的距离进行比较,当位于地裂缝上、下两盘的两个测点之间水平距离发生变化时,其变化量经传感器输出位移信号,以此判断地裂缝的水平拉张活动量。

(3)地裂缝垂直活动测量仪应用了连通器内液态工作介质在重力作用下保持液面水平的原理,在地裂缝上、下盘设置两个测点并用连通器连接,测量连通管容器中浮子的微小高差变化,由传感器检测并转换为电信号,由此监测地裂缝上、下两盘的垂直活动量。

2.监测布置

三维变形测量仪平面布置如图 7-18 所示,在地裂缝上、下两盘各建一个仪器基墩,基墩距地裂缝宜 3~5m;在地裂缝上盘基墩布置分量监测仪的标定端,下盘布置非标定端。三维变形测量仪安装参数见表 7-4。

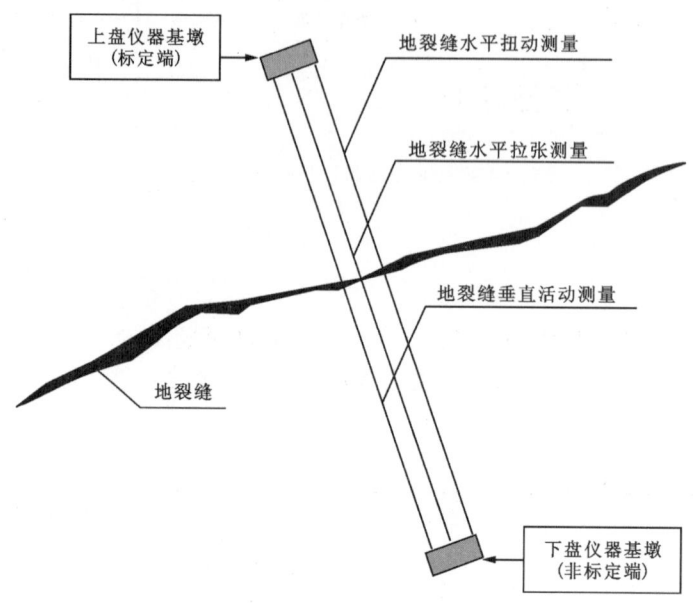

图 7-18 三维变形测量仪平面布置示意图

表 7-4 三维变形测量仪安装参数表

监测量	与地裂缝走向夹角	上盘仪器基墩	下盘仪器基墩
地裂缝水平扭动活动量	90°	测量端	激光发射端
地裂缝水平拉张活动量	90°	固定端	测量端
地裂缝垂直活动量	90°	测量端	测量端

7.1.3 地面倾斜监测

地面倾斜监测是指在一定时间内,对崩塌、滑坡、地面塌陷、地面沉降等地质灾害引起的地面倾斜,采用单一或多种技术方法或仪器设备进行周期性或实时的检查、量测和监测工作[14]。

1.原理

地面倾斜监测是利用测量仪器(如倾斜仪、陀螺仪等)测量地质体地面倾斜方向和倾角变化。岩土体地表面偏离水平面的方向即为地面倾斜方向。如图 7-19 所示，Z 轴与重力铅垂线相重合，X 轴与 Y 轴分别位于东西与南北方向上，XOY 平面为水平面，φ 为 OE 的方位角，即为地面倾斜方向。

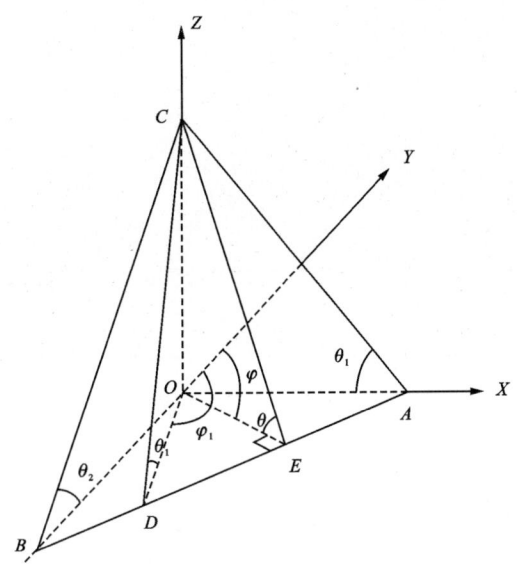

图 7-19　地面倾斜方位角示意图

2.特点

地面倾斜监测不具普遍性，对崩塌地质体有变形机制和变形阶段的选择性，表现为：主要用于倾倒式崩塌、拉裂式崩塌、切层滑坡等；对于顺层滑动不宜采用地面倾斜监测。盘式倾斜仪适用于倾斜变化较大时的监测；杆式倾斜仪和 T 字形倾斜仪适用于倾斜变化较小时的监测。

3.监测布置

(1)滑坡、崩塌宜采用纵向、横向监测剖面构成十字形的监测网，采空塌陷监测剖面宜平行和垂直于采掘工作面布置，岩溶塌陷监测点应布置为棋盘状或者环状，监测剖面一般不少于 2 条。

(2)监测点不要求平均分布，应尽量靠近监测剖面，并根据地质体实际变形情况布置在主要倾斜变形体之上，如各级滑坡的剪出口位置、倾倒式危岩(图 7-20)、岩溶塌陷和采空塌陷最大下沉点附近等重要部位。

4.常用仪器设备

测量仪器按形态分为盘式倾斜仪和杆式倾斜仪，按工作原理分为摆式倾斜仪、气泡倾斜仪、电子倾斜仪等，按安装特点分为固定式倾斜仪、便携式倾斜仪。

图 7-20 倾斜仪和加速度计在危岩监测点的布设

7.1.4 加速度监测

1. 原理

加速度监测是监测变形地质体形变或震动的加速度(图 7-20)。一般使用加速度计进行监测,通常其与倾斜仪为一体化设计。

2. 特点

基于加速度的基本原理去实现工作,具有体积小和重量轻的特点,可以测量轴向加速度,能够全面准确反映物体的运动性质,主要用于岩质崩塌的监测。

3. 监测布置

根据地质体实际变形情况,加速度计布置在主要变形或震动体之上。

4. 常用仪器设备

加速度传感器有多种实现方式,主要可分为压电式、电容式及热感应式 3 种;按输入轴数目,其分为单轴、双轴和三轴加速度计。

7.1.5 深部位移监测

深部位移监测是监测崩塌、滑坡整体变形的重要方法,利用钻孔和山地工程(平硐、竖井等),埋设监测仪器,用以了解不同深度、不同地段,特别是滑带的变形特征。深部位移监测主要有钻孔测斜法和钻孔多点位移监测法。

7.1.5.1 钻孔测斜法

1. 原理

钻孔测斜法是观测钻孔内目标深度岩土体横向位移矢量的一种原位测试监测手段。原理是长柱状探头随孔内测管倾斜,探头内的摆锤受重力作用始终保持铅垂状态,测定以铅垂线为基准的探头的倾斜弧角变化,标定换算为水平位移变化量。常见的移动式深部测斜监测仪组成及原理如图7-21所示。

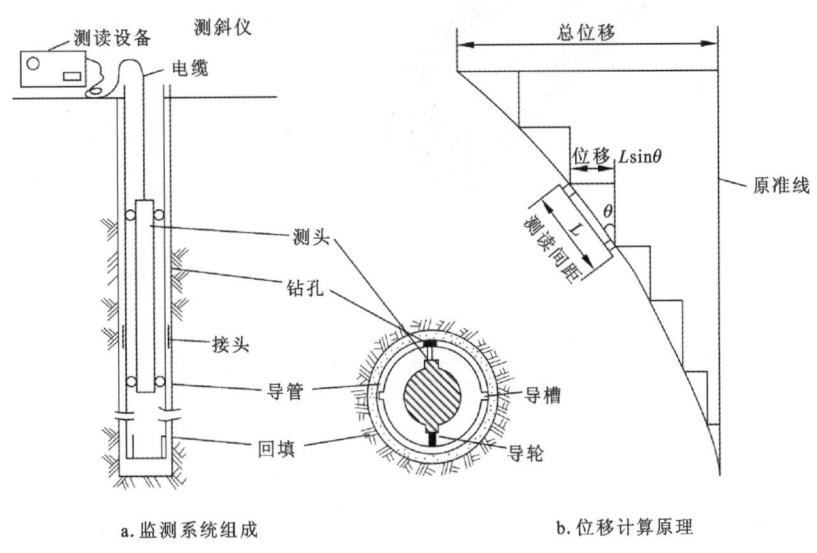

a. 监测系统组成　　　　　　b. 位移计算原理

图7-21　移动式深部测斜监测仪组成及原理图[15]

2. 特点

采用钻孔测斜法需要预先打好钻孔,下测斜管填料,成本高,周期长,为一次性隐蔽工程,且量程有限,适用于崩滑体蠕滑和匀速变形阶段,加速变形阶段测量一般不用该方法;精度不高,在孔斜不超过3°时,其综合精度为±7.5mm/30m,虽然累积误差很大,但测试的目标往往是岩土体沿某个层位或结构面的位移变化,测斜仪在有限间隔的特定深度上的位移变化测试精度较为准确;同时,可实现钻孔深度范围内位移的连续监测。

3. 监测布置

钻孔测斜法仪器一般呈剖面或网格状布置于变形体之上,但受限于钻孔施工场地条件。

4. 常用仪器设备

根据安装方式和使用特点,测试仪器可分为移动式和固定式(图7-22)。移动式以一套设备可测试多个钻孔的特点而得到广泛应用;固定式成本较高,但可进行实时监测,且重复使用率高。目前国内使用的钻孔倾斜仪以美国 Sinco 公司产品居多,国内产品以航天部生产的 CX 系列产品为主。

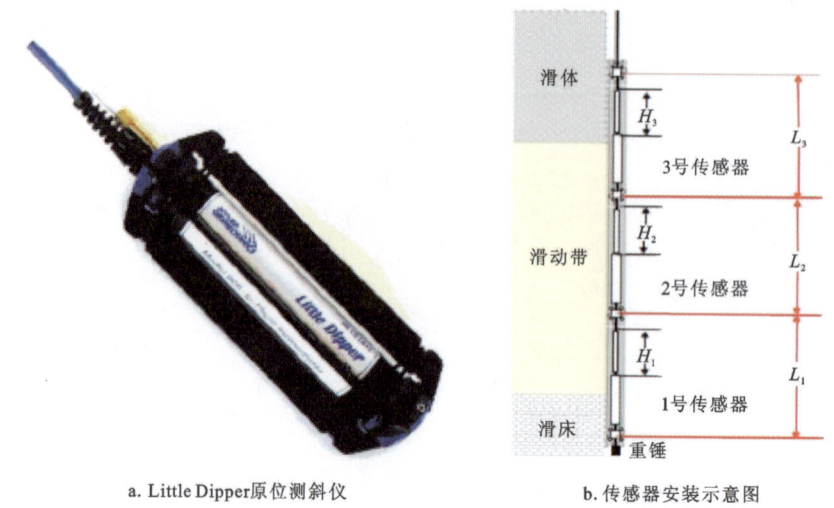

a. Little Dipper原位测斜仪　　　　b. 传感器安装示意图

图 7-22　固定式深部测斜仪

7.1.5.2　钻孔多点位移监测法

1. 原理

钻孔多点位移监测法是用于观测钻孔岩土体单向或三向位移变化的一种原位测试手段,利用钻孔位移计可定期逐段测量钻孔的三向位移信息,从而获得岩土体内部位移随时间的变化(图 7-23),其工作原理因仪器种类不同各异。

图 7-23　钻孔多点位移计监测示意图

2. 特点

与测斜仪相比，钻孔多点位移计可进行各种角度的位移测量（图 7-24），但大部分不能确定位移的方向（位移矢量）。该方法多用在危岩体监测中，危岩体中一般发育多条裂缝，用此方法可以监测多条裂缝的深部位移变化。

图 7-24　钻孔多点位移计在边坡监测中的应用[16]

3. 监测布置

钻孔多点位移计一般布置于裂缝深部或滑带，但受限于钻孔施工场地条件。

4. 常用仪器设备

根据传感器的种类不同，钻孔位移计主要有滑动测微计式、三向位移计式、电感式、电位式、磁体式、伸缩计式和同轴电缆式，根据安装方式和使用特点也可分为移动式和固定式。

7.2　应力监测

应力监测是测量岩土体或混凝土构筑物的应力变化，从而求得最大拉应力、压应力和剪应力的位置、大小与方向，核算是否超越材料强度的允许范围，以便估量混凝土构筑物强度的安全程度。应力监测主要有岩土体压力计（压力盒）监测、锚索（杆）测力计、光纤光栅压力计等。

此类监测需将探头埋设于钻孔、平硐、竖井内或在合适的深度开挖符合一定规格的坑槽，监测地质体内不同深度的应力、应变情况，区分压力区、拉力区等，因此周期较长，属于一次性隐蔽工程。但此类监测长期稳定性较好,精度、灵敏度较高,受外界因素干扰少,资料可靠、成本较高。

7.2.1 岩土体压力计(压力盒)

1. 原理

岩土体压力计是用于观测隐患地质体内部应力变化的一种原位测试设备,常呈短圆柱状和圆盘状,习惯称为压力盒。其工作原理是:压力盒承压膜受压变形后,经传输介质感应,使压力盒核心感应部件的固有特性(如共振频率)发生变化,经过物理量转换,记录可识别的应力变化信息。

2. 监测布置

(1)充分利用勘查工程的平硐、竖井布设监测点。
(2)监测点应针对工程结构布设点位,考虑隐患地质体的致灾类型、规模大小、受力特征等因素,根据挡墙结构、类型等因素进行布设,一般布置于主应力大值分布区,并且主要沿主形变方向布置。
(3)一般可设1~2条观测纵剖面,特别重要崩塌或滑坡平面形态复杂的灾害体可增设1个观测横剖面。
(4)压力观测断面上的监测点,一般可在不同的高度上布置2~3个,必要时可另增加。
(5)测断面内每一监测点处的压力计,一般成组布置,每组2~3个,必要时可布置4~6个。
(6)观测断面的位置,应同灾害体内孔隙水压力、变形观测断面相结合,同一测点区内各观测仪器之间的距离不超过1m。

7.2.2 锚索(杆)测力计

1. 原理

锚索(杆)测力计主要用于不良地质体治理过程中,监测预应力锚索(杆)的应力变化,可检验施工质量、验证施工设计。其工作原理是:刚性承压板受压变形后,通过传动感应装置,转换成一定物理信号输出,经数学处理获得应力值。锚索(杆)测力计监测工作原理如图7-25所示。

2. 监测布置

(1)锚索(杆)测力计等监测设备需结合锚索(杆)工程施工,在锚索(杆)施加预应力(称为"张拉")前进行安装(图7-26)。
(2)测点应选择在受力较大且有代表性的位置,如基坑每边中部、阳角处、地质条件复杂或者周边荷载大的区段内布设监测点。

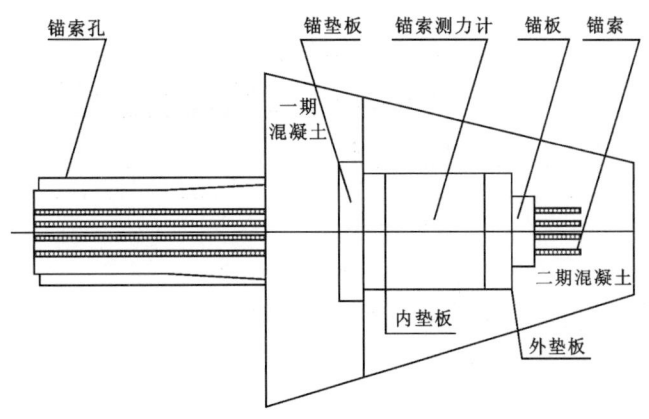

图 7-25 锚索(杆)测力计监测工作原理示意图

(3)格构结构的监测点多布设于代表性地段的锚索(锚杆)上,纵断面上一般布设3~5个监测点。

(4)监测点布设的位置宜与围护桩(墙)体水平位移监测点尽可能靠近。

(5)每层锚索的监测点数量应为该层总数的1%~3%,并不应少于3个。

图 7-26 锚索(杆)测力计在边坡治理监测中的应用
来源:https://www.sohu.com/a/587043998_120680207

7.2.3 光纤光栅压力计

1. 原理

光纤光栅压力计利用光纤光栅的平均折射率和栅格周期对外界参量的敏感特性,将外界参量(压应力)的变化转化为布拉格波长偏移,从而获得压应力信息,属于波长调制型光纤传感器。光纤光栅压力计传感器工作原理如图7-27所示。

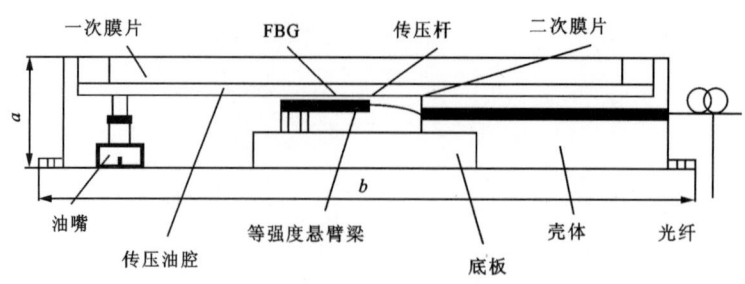

图 7-27 光纤光栅压力计传感器工作原理图

2. 监测布置

光纤光栅压力计的监测布置要点可参照"7.2.1 岩土体压力计（压力盒）"。

7.3 应变监测

应变监测是测量岩土体或混凝土构筑物的应变变化,从而求得应变大小和方向,核算是否超越材料强度的允许范围,以便估量混凝土构筑物强度的安全程度。应变监测主要有应变计监测、分布式光纤监测等。

7.3.1 应变计监测

1. 原理

在不良地质体治理过程中,应变监测主要用于测试基岩或混凝土结构的内部应变信息。当基岩或混凝土结构由于受力产生应变时,应变计会随之产生应变变形,从而可测得基岩或混凝土结构的应变信息。

2. 优缺点

应变计具有精度更高、尺寸小、对电磁与辐射的干扰具有免疫能力、使用寿命长、资料可靠等优点,但成本较高。

3. 监测布置

应变计的轴向要对准拟测变形方向。

4. 常用仪器设备

常用的应变计为管式应变计,主要有振弦式、电阻式和光纤式传感器。

7.3.2 分布式光纤监测

1. 原理

光纤传感技术是利用光时域反射(optimal time domain reflection,简称 OTDR)原理感知光纤周围物理量的变化,即光波在光纤介质传播过程中,其特征向量(振幅、相位、偏振态和波长等)会因外界因素(如温度、压力、变形等)的变化而变化,从而制造出各类新型光纤感测技术和相应的传感器。分布式光纤监测的工作原理及工作布置如图 7-28 所示。

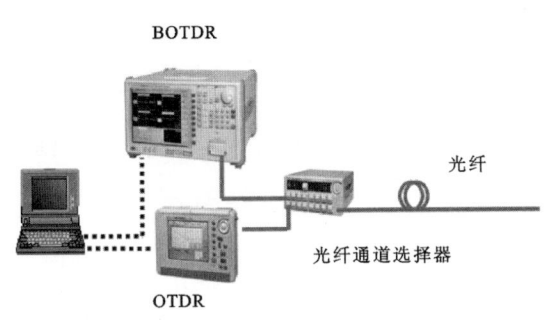
a. 工作原理图

b. 工作布置图

图 7-28 分布式光纤监测工作原理及布置图

2. 特点

光纤传感器有许多优点,如质量轻、体积小、耐腐蚀、抗电磁干扰、灵敏度高等。分布式光纤除了传统光纤传感器的优点以外,还可以实现长距离、多覆盖的分布式同步监测,但成本较高。

3. 监测布置

分布式光纤传感器分为平面和竖向布置,根据实际条件选择挖槽方式或非开挖定向钻孔方式铺设。

4. 常用仪器设备

常用的仪器设备有光纤光栅解调仪、弱光栅解调仪、分布式光纤应变解调仪、分布式光纤温度解调仪、分布式光纤 DAS 系统、弱光栅震动解调仪等。

7.4 地下水监测

借助钻孔或坑槽布设传感器,直接或间接测量不良地质体的地下水位、孔隙水压力、渗压、岩土体含水量、含水率、基质吸力等参数随时间的变化情况。

1. 原理

地下水位、孔隙水压力、渗压、岩土体含水量、含水率、基质吸力等参数变化时,传感器会随之接收到电阻率、频率、气压等变化的电信号,从而测得相关参数信息。

2. 特点

此类方法一般在钻孔、坑槽中进行,属于隐蔽工程,具备较强的抗干扰性,但监测数据的可靠性比较依赖井壁处理以及探头的封装工艺,成本较高。

3. 监测布置

地下水监测点一般布设在滑坡主剖面,且应安装在地质体主变形段或泥石流物源丰富段;危岩体地下水监测点宜布设在危岩体中、后部及崩塌堆积体,且尽可能与深部位移监测点相对应。

4. 常用仪器设备

地下水监测常用仪器设备包括含水率计、孔隙水压力计、渗压计、流量计等。

7.5 震动监测

震动监测主要监测因工程活动引起的地面震动,或因崩塌、滑坡、泥石流等地质灾害发生形成的微震、次声、地面震动等。

7.5.1 微震监测

微震监测是通过监测岩体破裂产生的震动或其他物体的震动,对监测对象的破坏状况、安全状况等做出评价,从而为预报和控制灾害提供可参考的技术和使用的成套设备。

1. 原理

岩石由于人为因素或自然因素发生破裂、移动时,会产生一种微弱的地震波向周围传播,通过在破裂区周围的空间内布设多组检波器并实时采集微震数据,经过数据处理后,采用震动定位原理,可确定破裂发生的位置,并在三维空间上显示出来。微震监测系统工作原理如图7-29所示。

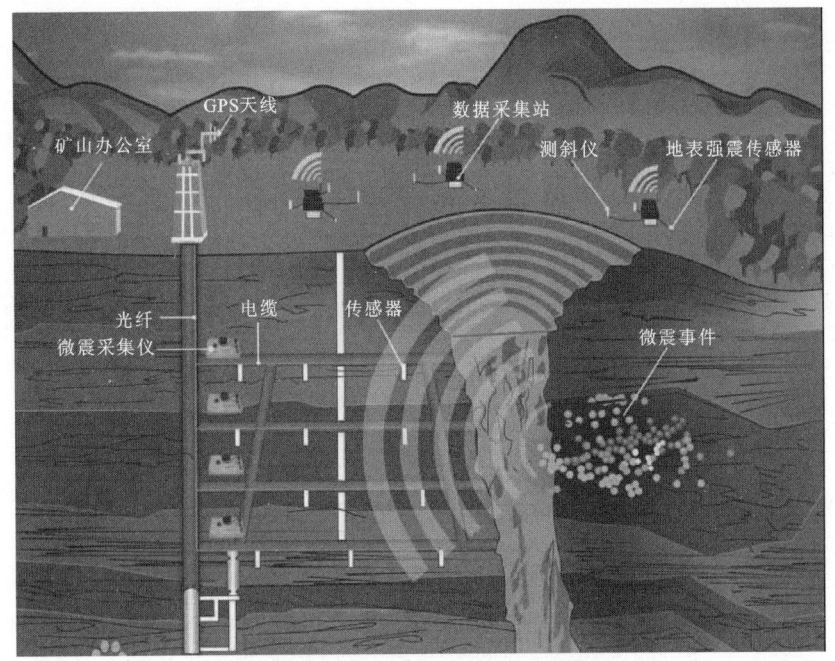

图7-29 微震监测系统工作原理图
来源:https://baike.baidu.com/item/微震监测技术/20782612

2.特点

微震监测具有高集成性、小体积、多通道、高灵敏度等特点,不同于传统监测方法中力(应力)、位移(应变)的"点"或"线"监测模式,易于实现对常规方法中人不可达到地点的监测和全范围立体监测,并可实现对微震事件的高精度定位及可视化三维显示。

3.监测布置

微震监测仪可在钻孔、巷道内安装,或阵列式固定安装于监测岩体表面,阵列宜包络整个目标监测区域,避免传感器阵列呈平面布设或者长条形布设。

4.常用仪器设备

微震监测仪的传感器分为微震检波器,单向、三向速度和加速度传感器。

7.5.2 次声监测

1.原理

次声主要指由泥石流运动产生且在空气中传播的频率在20Hz以下的次声原始声压,人类无法直接感知,但可采用仪器通过薄膜震动将声学信号转化为电信号,从而探测到次声信息。

2.特点

次声波的特点是传播距离远,衰减小,能够穿透障碍物,而且具有一定的指向性。

3.监测布置

宜在泥石流沟下游附近或沟口外至少布设1台监测仪器。

4.常用仪器设备

次声监测系统主要包括次声传感器、数据采集模块、通信系统、供电系统、后台监控软件等。

7.5.3 地面震动监测

1.原理

地面震动监测通过地震检波器将地面震动转变为电信号,或者说是将机械能转化为电能,从而探测到震动信息,然后对接收到的震动信号进行处理、解释,根据信号的频率、振幅、速度等信息分析目标地质体不同位置的结构属性,从而初步判断其稳定状态,并对可能发生的安全隐患进行预判。

2.特点

地面震动监测安装部署简单,抗干扰能力强,可靠性高,硬件成本较低。

3.监测布置

安装位置应尽量选择刚度较高的部位,安装方向应优先选择震动强度大的方向。

4.常用仪器设备

常规地震检波器有磁电、涡流、压电、压阻式,新型的有微电子机械系统(MEMS)数字检波器、光纤光栅(FBG)检波器。新型地震检波器与常规的相比具有高频响应好、动态范围宽、抗电磁干扰、灵敏度高的特点,因此是未来检波器发展的主流。

7.6 声发射监测

材料或岩体结构受力时发生变形或断裂,以弹性波形式释放出应变能的现象称为声发射(acoustic emission,简称AE),而用仪器检测分析声发射信号和利用声发射信号推断声发射源的技术称为声发射技术。

1. 原理

岩石在荷载作用下变形破坏,造成应力松弛,储存的部分能量以应力波的形式突然释放出来,产生声发射现象。因此,根据岩石声发射的多少、大小、频率等可以了解岩石的变形、破坏过程,从而作为预测预报、评价岩体工程结构稳定性的依据,基本工作原理如图7-30所示。

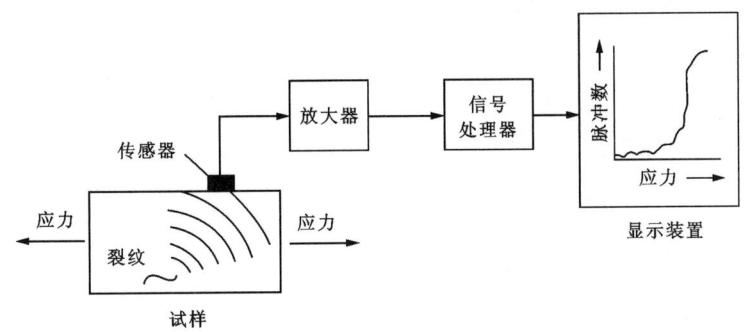

图 7-30 声发射监测基本工作原理图

2. 特点

声发射仪性能比较稳定、灵敏度高、操作简便,对多个监测点能实现有线自动巡回检测和远距离遥测,适用于岩质崩滑体加速变形、临近崩塌阶段的监测,不适用于土质滑坡的监测。

3. 监测布置

通常采用阵列的分布方式将声发射仪布置于目标地质体的刚性体表面,并远离公路、铁路等易产生震动的区域,远离电磁波能量密集处。

4. 常用仪器设备

常用声发射仪有美制 AE50008 型声发射仪,国产 YSS-1 型岩体声发射仪、YSZ-2 型智能化16通道岩体声发射仪、SJ-1型6通道声发射监测仪、DY-2型地音仪、WD-1型无线电地音仪、YSS岩石声发射参数测定仪等。

7.7 环境因素监测

环境因素监测主要是指滑坡所处环境的气温及降水量的监测。特别是受水动力诱发的滑坡,降水量是监测工作的重要参考信息之一,而气温是进行某些监测数据校正处理中的重要参数。

7.7.1 降水(雨、雪)

降水监测是在时间和空间上所进行的降水量和降水强度的观测。测量方法主要为自记雨量计观测降水过程,常用的自记雨量计有称重式、虹吸式(浮子式)和翻斗式3种类型。其中,称重式雨量计能够测量各种类型的降水,其余两种基本上只限于观测降雨。

(1)称重式:这种仪器可以连续记录接雨杯上以及储积在其内降水的质量。记录方式可以用机械发条装置或平衡锤系统,将降水时全部降水量的质量如数记录下来。这种仪器的优点在于能够记录雪、冰雹及雨雪混合降水。

(2)虹吸式:承雨器将承接的雨水导入浮子室,浮子随着注入雨水的增加而上升,并带动自记笔在附有时钟的转筒上的记录纸上画出曲线,既可表示雨量的大小,又可表示降雨过程的变化情况,曲线的坡度表示降雨强度。虹吸式雨量计分辨率为0.1mm,降雨强度适应范围为0.01~4.0mm/min。

(3)翻斗式:这类雨量计由感应器及信号记录器组成。其工作原理为:雨水经承雨器进入对称的翻斗的一侧,当接满0.1mm雨量时,翻斗倾于一侧,另一侧翻斗则处于进水状态。每一次翻斗倾倒,都使开关接通电路,向记录器输送一个脉冲信号,记录器控制自记笔将雨量记录下来,如此往复即可将降雨过程测量下来。翻斗式雨量计分辨率为0.1mm,降雨强度适用范围在4.0mm/min以内。

称重式、虹吸式和翻斗式雨量计的记录系统可以将机械记录装置的运动情况转换成电信号,用导线或无线电将电信号传到控制中心的接收器,实现有线远传或无线遥测。

7.7.2 水位

一般采用水位标尺、孔隙水压力计进行地表水水位的监测,多布设于涉水滑坡的前缘最低水位以下,监测与崩滑地质体相关的江、河或水库等地表水体的水位、流速、流量等,分析其与地下水、大气降水的联系,分析地表水冲蚀与崩滑体变形的关系等。

7.7.3 流量(流速)

在水位测量的基础上,采用流速仪获取地表水的流量参数。流速测量的仪器有旋翼式测流仪、超声波测流仪、压差式测流仪。

7.7.3.1 旋翼式测流仪

1.原理

旋翼式测流仪是一种基于转子运动测量流体流速的仪器,主要由转子、传感器和显示器组成。转子通常由多个叶片组成,当流体通过转子时,叶片会转动,传感器会感知到转子的转动,并将转速转化为流速进行显示。

2. 特点

旋翼式测流仪具有结构简单、精度高、可靠性好等优点,广泛应用于工业现场和实验室。

7.7.3.2 超声波测流仪

1. 原理

超声波测流仪是一种基于超声波传播时间测量流体流速的仪器,主要由发射器、接收器、计时器和显示器组成。发射器会发射超声波信号,经过流体后被接收器接收,计时器会测量超声波传播的时间,根据超声波传播时间的差异,可以计算出流体的流速。

2. 特点

超声波测流仪具有测量精度高、不受流体成分影响等优点,被广泛应用于液体流速测量。

7.7.3.3 压差式测流仪

1. 原理

压差式测流仪是一种基于流体压差测量流速的仪器,主要由流量计、压力传感器和显示器组成。流量计通常由管道和测压孔组成,流体经过管道时会产生压差,压力传感器会感知到压差的大小,并将其转化为流速进行显示。

2. 特点

压差式测流仪具有结构简单、适用于大流量测量等优点,常用于工业领域的流量监测。

8 土建与安装

8.1 土建施工基本要求

为了满足监测精度和实现监测目的,部分监测仪器设备需在选定的监测点位上进行土建施工,建立监测标墩(桩),以确保监测仪器设备能持续在同一点位进行有效的监测作业。

为了使监测仪器设备客观准确地测量到所需的监测内容,一般需要对安装在标墩(桩)之上、挂载在立杆之上或埋进地表以下的监测仪器设备进行监测标墩(桩)土建施工,也可对自然断面的沟谷进行截面施工,使其规整便于观测。不同的仪器对土建施工工艺的要求不同,但均必须满足《混凝土结构工程施工质量验收规范》(GB 50204—2015)和相关监测要求,且能真实反映地表形变。

1. 立杆安装类监测墩土建施工基本要求

在松散土层,立杆安装类监测墩土建施工需按不同立杆高度对应的底座要求开挖基坑,基坑应方正规整,以保证基础尺寸和浇筑质量。地面以上立杆高度 2m 时,混凝土底座长×宽×深不小于 500mm×500mm×600mm;地面以上立杆高度 3m 时,混凝土底座长×宽×深不小于 600mm×600mm×800mm;地面以上立杆高度 5~6m 时混凝土底座长×宽×深不小于 800mm×800mm×1000mm[17]。基坑开挖后须放置钢筋笼或预置地埋件,并确保下端防拔结构的地埋件(钢筋笼)竖直置入基坑内,露出面保持水平,确保与法兰盘可靠连接后立杆竖直,上端地脚螺栓螺纹应做保护后方可按相关要求浇筑。基坑浇筑混凝土强度不低于 C25。

在基岩地层,基础施工可以采用岩石凿孔下放钢筋的方式进行基础建设,岩石凿孔深度不宜小于 500mm,下钢筋后地表扎笼支模并用 C30 混凝土浇筑,底座长×宽×高不小于 500mm×500mm×200mm,顶部保持水平。

2. 地插胀杆式监测墩土建施工基本要求

地插胀杆式安装时应保证钻孔直径不小于胀杆直径,地插深度不小于 600mm,并采用原位土和泥浆填充空隙,保证仪器安装稳定。

3. 地埋安装式土建施工基本要求

地埋安装式土建施工一般包括钻孔埋设、挖坑槽埋设以及沿混凝土面板埋设等方式,分别需要相应的钻机钻孔、开挖坑槽与混凝土构筑工程。具体工艺应视安装部位和仪器设备具体尺寸而定。

4. 挂壁安装式

挂壁安装式应配备仪器安装背板,并安装不少于3颗Φ6mm的膨胀螺钉固定。

8.2 监测仪器设备安装基本要求

8.2.1 仪器设备安装通用要求

(1)太阳能供电类设备,应将太阳能电池板支架固定在立杆上,并确保太阳能电池板受力均匀,朝向为日照最优方向。
(2)除天线外,电源线、信号线等电线不外露,尽可能穿管走暗线。
(3)接头、主机、电源等部位做好防潮防水工作。
(4)做好防护与警示工作,建议挂贴警示牌,监测设备周边加设防护栏,防护栏应适应户外条件,抗腐蚀、防锈能力强,受温度冻融、雨水、大风等影响小,防护栏与设备及配件边界之间应留出至少30cm间隙。

8.2.2 形变监测仪器

8.2.2.1 地表形变GNSS

1. 土建施工

(1)基础件安装方式:①采用地埋件安装立杆,地埋件应保持水平,上端与立杆法兰盘应可靠连接,预制件可选用钢筋混凝土基础,上端为地脚螺柱螺纹,下端为防拔结构;②在保证稳定性前提下,可采用预埋箱、地插胀杆等绿色安装方式;③基础施工时应预先埋入接地电极。
(2)监测墩及立杆尺寸:独立供电系统GNSS立杆直径不小于140mm,管壁厚度不小于3mm,立杆高度不低于2m。集成供电系统的一体化GNSS,立杆直径不小于110mm,管壁厚度不小于3mm,立杆高度不低于2m(图8-1、图8-2)。相关施工质量控制及技术要求应按照《混凝土结构工程施工质量验收规范》(GB 50204—2015)进行。

对于松散土层,基坑开挖方式为人工开挖,长×宽×深不小于500mm×500mm×600mm,基底处理方式为人工夯实,基坑浇筑混凝土强度不低于C25,浇筑后的基座顶部应保持水平,混凝土养护期满后方可进行下一步仪器安装(图8-3)。

对于基岩地层,基础施工可以采用岩石凿孔下放钢筋的方式进行基础建设,岩石凿孔深度不少于500mm,下钢筋后用C30混凝土浇筑凿孔和钢筋,在露出地面后浇筑一个100mm高方平台,顶部保持水平,混凝土养护期满后方可进行下一步仪器安装(图8-4)。

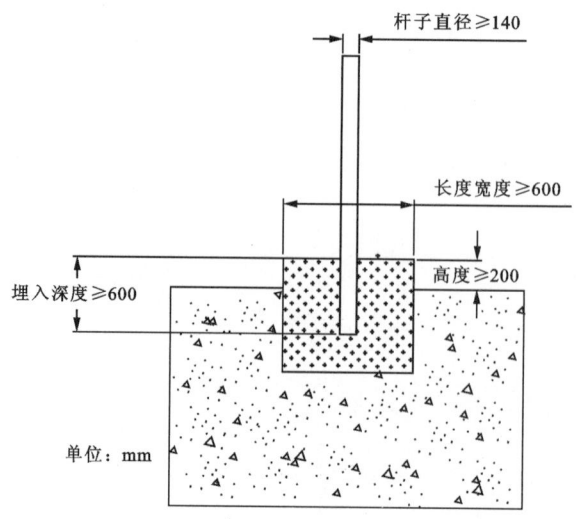

图 8-1　3m 立杆的监测墩尺寸示意图

图 8-2　监测墩施工示例

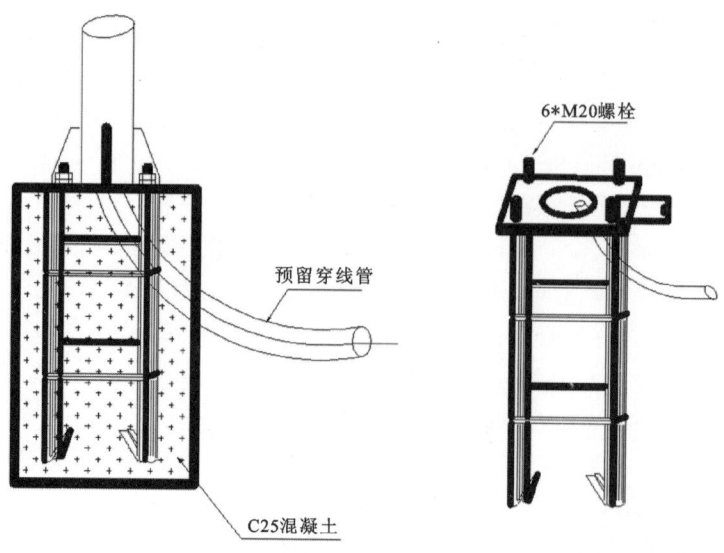

图 8-3　松散土层基础施工示意图

8 土建与安装

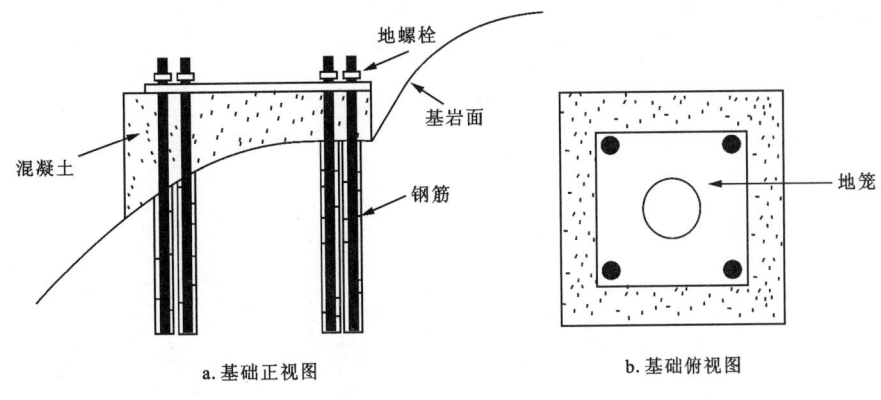

a.基础正视图　　　　　b.基础俯视图

图 8-4　基岩地层基础施工示意图

2.仪器设备安装

除了满足"8.2.1　仪器设备安装通用要求"外,还应注意以下几点:①需要加装防雷设施;②立杆应尽可能安装为竖直状态;③GNSS 传感器应安装为水平状态(图 8-5)。

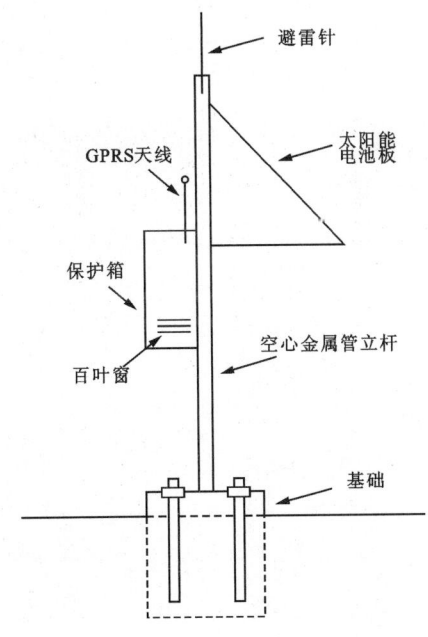

图 8-5　GNSS 安装示意图

8.2.2.2　地表形变倾角加速度计与测缝类仪器[18]

1.土建施工

此类仪器主要涉及主机的固定,一般需要进行基础施工,具体操作如下。

土质形变体浇筑混凝土监测墩，立杆尺寸一般小于1.5m，混凝土底座长×宽×深建议不小于300mm×300mm×500mm（图8-6），且基础露出地面高度不小于100mm。相关施工质量控制及技术要求应按照《混凝土结构工程施工质量验收规范》(GB 50204—2015)进行。

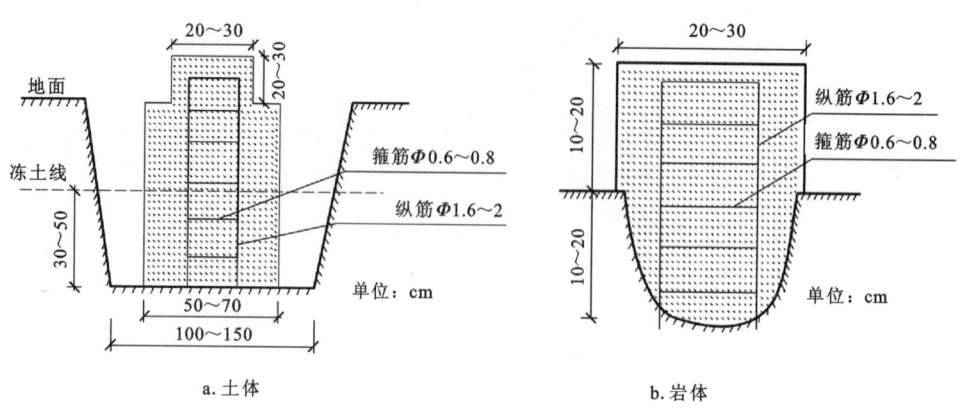

图8-6 地面倾斜监测墩结构示意图

岩体除了采用监测墩的方式外，倾角加速度监测还可采用挂壁安装方式（图8-7），此种安装方式应配备仪器安装背板，并安装不少于3颗Φ6mm的膨胀螺钉固定。

图8-7 倾角加速度计安装方式示例

单向裂缝位移计监测墩结构见图8-8，根据裂缝的张开方向，分为张开（闭合）、水平错位、垂直下沉3种结构。

三向裂缝位移计监测墩结构见图8-9，集成了单向裂缝位移计监测墩的3种结构，往往适用于裂缝多向张开的情况。

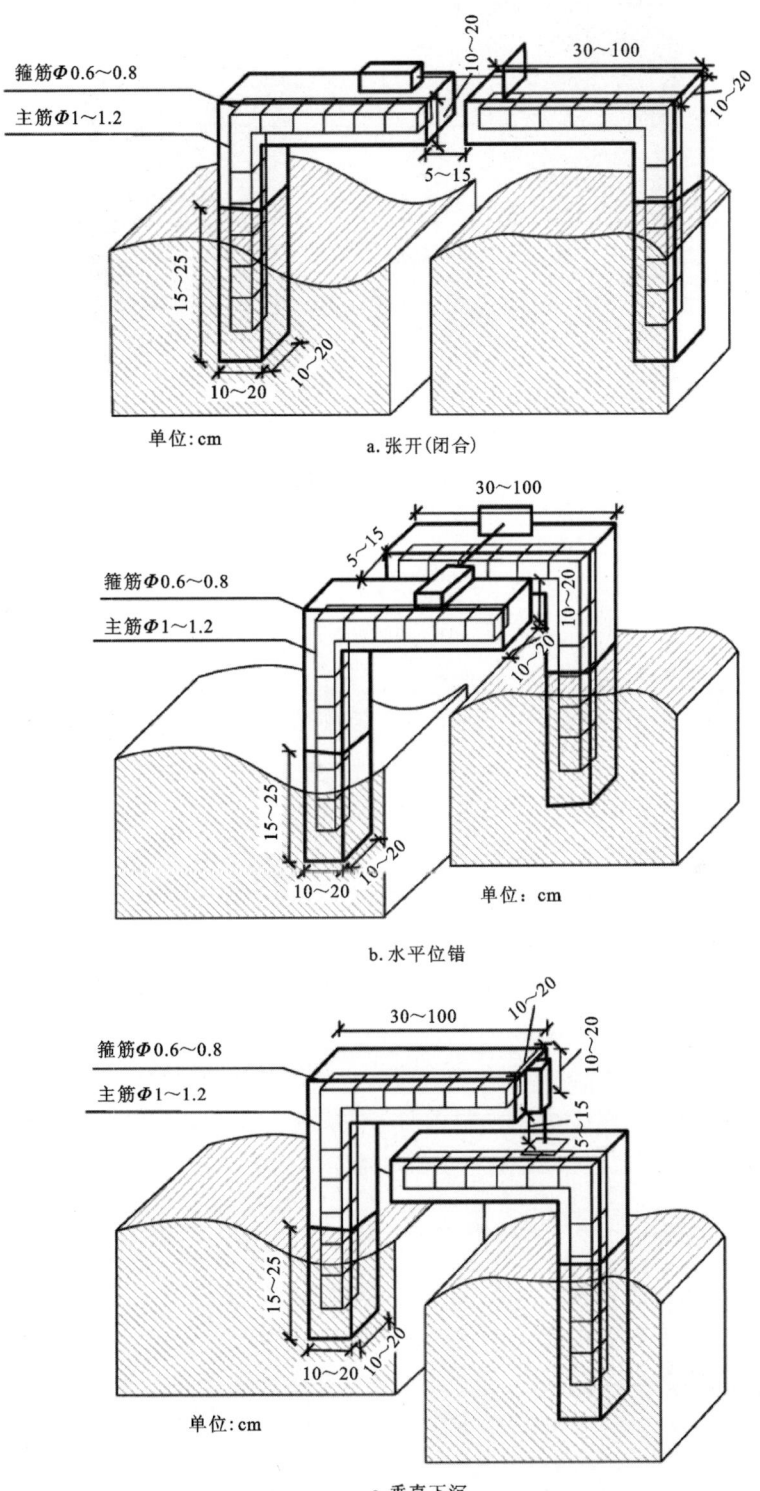

图 8-8 单向裂缝位移计监测墩结构示意图

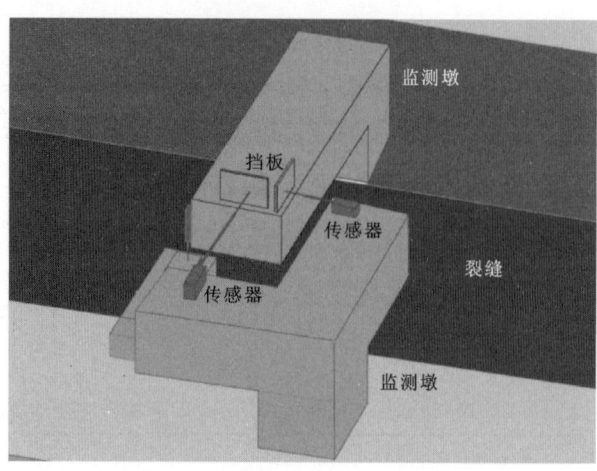

图 8-9 三向裂缝位移计监测墩结构示意图

2.仪器安装

除了满足"8.2.1 仪器设备安装通用要求"外,还应注意以下几点。

(1)宜采用低功耗仪器,并定期更换电池。

(2)此类仪器立杆往往较矮小,若采用太阳能供电,应定期检查,清除遮挡杂草灌丛。

(3)采用位移计法监测裂缝相对位移时,位移计应按不同的观测方向固定安装在监测墩上。

(4)裂缝计在灾害体主裂缝位置应尽可能垂直跨缝安装,拉绳应通过保护管或地埋安装进行保护。

(5)监测裂缝相对位移时,应在裂缝两侧固定埋设单向、双向或三向监测墩。监测墩应与裂缝两侧岩土体稳固结合。监测墩悬臂不宜大于1m。

(6)采用简易观测法监测裂缝相对位移时,应在裂缝两侧固定埋设钉、桩或刻画十字线等简易标志。

(7)地面倾斜监测点应埋设监测墩,监测墩应与岩土体稳固结合。

(8)带有倾角功能的监测仪器,应注意 X 与 Y 的安装方向,分别与变形方向保持平行和垂直。

(9)若为多参数集成监测仪器,应将主机放置于形变体上。

8.2.2.3 地下形变测斜仪

测斜仪是在测斜管的导向槽内测量钻孔的侧向位移。测斜管的埋设可分为钻孔埋设与沿混凝土面板埋设。测斜管有铅直、水平、倾斜3种埋设形式。无论采取哪种安装方式,要点基本相同,下面以铅直钻孔埋设为例介绍埋设安装要点[18]。

1.钻孔施工

深部位移监测点一般应进行监测钻孔施工或利用已有符合要求的勘探钻孔。

(1)按监测设计书要求在选定部位钻孔,全孔取芯,钻孔直径以不小于测斜管外径

30mm 为宜,一般不宜小于 110mm。

(2)在地下水位以上的土层和不易塌孔的砂土内应采用干法钻进;在地下水位以下的岩土层内应采用单动双管钻进技术钻进;严重缩孔或塌孔时应采用跟管或泥浆护壁。

(3)为了防止塌孔,并为将来进行孔口保护做好准备,孔口段应预留 5m 长的套管。

(4)钻进过程中应做好钻孔地质编录。钻孔完成后,应检查钻孔深度及其通畅情况,测量孔斜,并绘制钻孔综合柱状图。

(5)每钻进 50m 及终孔后均应校正孔深,孔深最大误差不得大于 0.5%。钻孔铅直度偏差应满足每 50m 孔深内不大于 ±3°。

(6)钻孔应穿过滑带,进入完整基岩或稳定层 3~5m。

(7)监测孔孔口应设置必要的保护装置。

(8)测量监测孔坐标及孔口高程。

2.测斜管安装

(1)测斜管可选择 ABS 工程塑料管、铝合金管和 PVC 管等,管内壁必须有两对互相正交的导槽。长期监测宜选用铝合金管,临时性监测可选用 PVC 管。

(2)测斜管应平直,两端平整。其内壁应平整圆滑,导槽应平整顺直,不得有裂纹结瘤。

(3)测斜管安装前必须进行一次清孔作业,确保钻孔通畅,保证测斜管的顺利下放。

(4)按埋设长度要求在现场将测斜管逐根进行标记预接。预接时管内导槽必须对准,并套上管接头,在其两导槽间对称钻 4 个孔,用铆钉(铝合金管)或自攻螺丝(ABS 工程塑料管)将管接头与测斜管固定,然后在管接头与测斜管接缝处用橡皮泥等堵塞,再用防水胶带缠紧,测斜管底端加底盖并用胶带缠紧密封,以防止注浆液渗入管内。装配好的测斜管导槽扭转角应不大于 0.17°/m。

(5)测斜管其中一对导槽应与预计变形或滑移方向一致。测斜管长度较大时,为保证安全,可用承重吊绳、绞车、套管夹等装置辅助安装。

(6)测斜管与钻孔之间空隙通过底部返浆法(岩体钻孔)或孔口注砂法(土体钻孔)填充。底部返浆法采用 C25 水泥砂浆灌注,为防止在灌浆时测斜管浮起,宜预先在测斜管内注入清水;孔口注砂法填砂时必须边填砂边注水,确保填砂密实。

(7)灌浆完毕或回填砂后,测斜管内要用清水冲洗干净。做好孔口保护措施及孔口平台,防止碎石或其他异物掉入管内,以保证测斜管不受损坏。

(8)待水泥浆凝固或填砂密实稳定后,量测测斜管导槽的方位、管口坐标及高程,并对安装埋设过程中发生的问题进行详细记录。

3.固定式钻孔测斜仪安装

采用固定式钻孔倾斜仪监测深部位移时,传感器应固定安装于滑动带的上、中、下部,其上、下固定端应穿越滑动带 0.5m。滑动带应通过钻孔资料准确确定,必要情况下可通过移动式倾斜仪监测后确定。

(1)设备安装之前的准备工作:①根据钻孔柱状图,确定滑动带(面)位置;②根据滑动带

（面）的位置，设计传感器数量、连接杆长度及牵引钢丝绳的长度，确保传感器能够安装在滑动带（面）部位；③采用模拟探头探明测斜管内堵塞情况，防止仪器设备下放时卡死在孔内。

(2)仪器设备的安装步骤：①确定主滑方向或倾覆方向，安装时保证探头极性一致；②按编号顺序将传感器、连接杆及牵引钢丝绳、孔口吊环逐一连接，组成传感器组，探头与连接杆及轮组件之间配合处应紧固到位，传感器通信线缆绷直后，与传感器、连接杆、牵引钢丝等牢固捆绑，捆绑点的间距不大于2m；③将传感器组对准导槽缓慢放置于测斜管内，直至传感器组到达设计位置，下放过程中应将传感器通信线缆绷直，传感器组较重时可采用起吊装置辅助安装；④传感器组下放过程中，应对各传感器进行持续测试，确认探头数据输出正常方可继续下放，否则应及时取出，进行更换或维修；⑤传感器组下放完成后，将牵引钢丝绳末端吊环悬挂于孔口，将通信线缆整理、标记；⑥进行最后一次测试，传感器输出正常后，完成安装工作。固定式钻孔倾斜仪安装如图8-10所示。

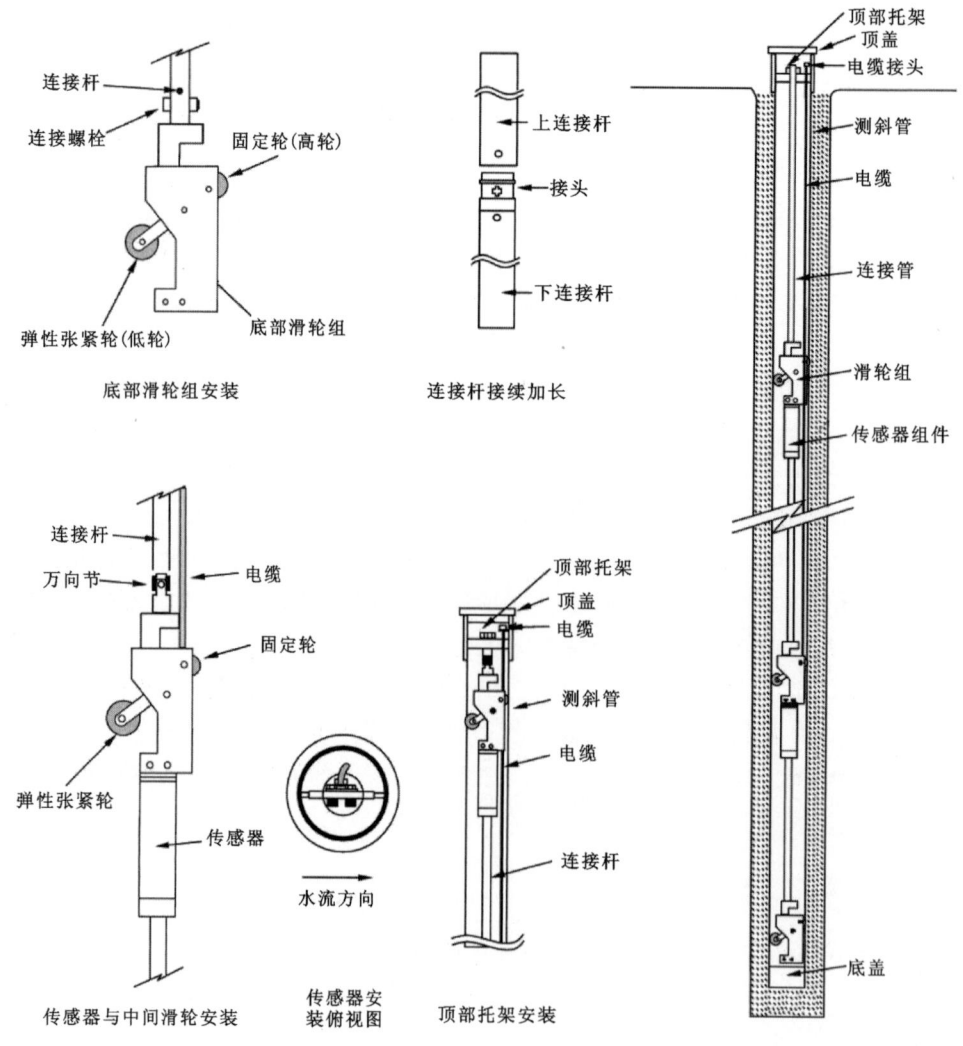

图8-10　固定式钻孔倾斜仪安装示意图

4. 移动式钻孔测斜仪安装

(1)确认电缆盘电源关闭及测头连接器处密封圈完好,将电缆连接器和测头连接器对齐,然后拧紧紧固螺丝。用手压缩导轮组,使之平滑放入导槽内,转动电缆盘释放电缆,缓缓将测头置于测斜管测量深度的底部,然后在测斜管管口放置井口装置。

(2)将测头拉起至首个深度标志为测读起点,每0.5m观测并记录一次数据。每次测读时都应将电缆标志对准,以防读数不准确。利用电缆标志测读,使测头升至测斜管顶端为止。

(3)一次观测完成后,将测斜仪反转180°,重复以上过程,完成第二次观测,如图8-11所示。

(4)对于单轴型移动式钻孔倾斜仪,在二次观测完成后仅测得一组导槽方向的水平位移,应将测斜仪沿另一组导槽方向重复以上观测过程,完成第三次、第四次观测。对于双轴型移动式钻孔倾斜仪,完成第二次观测后即完成本次监测作业。

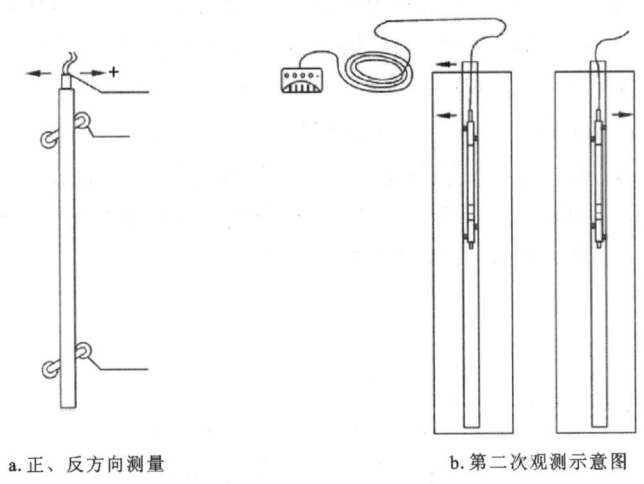

a.正、反方向测量　　　　b.第二次观测示意图

图8-11　垂直测头的结构示意图

8.2.2.4　地下形变钻孔位移计[19]

1. 一般要求

(1)多点位移计监测宜采用在钻孔不同深度处埋设测点(锚头)的形式,当各个锚固点的岩土体产生位移时,位移经传递杆传至钻孔的基准端,各点位移量宜在基准端进行量测。

(2)孔内测点(铺头)应紧密铺固,并与周围岩土体一起发生位移,孔内最深的测点应位于不动层中。

(3)表筒孔开孔直径宜为110~150mm,深度宜为500~600mm;锚头孔开孔直径宜为90~110mm,表筒孔直径应比锚头孔直径最少大20mm。

2. 埋设要点

(1)组装后的位移计经检测合格后,整体送入孔内(注意要使用安全绳,以便必要时可将位移计测杆拉回),入孔时应缓慢,安装运输时支撑点间距应不小于2m,曲率半径不得小于5m,如遇长测杆(>6m),可分段置入孔口连接。

(2)全部测杆完全送入孔中,测杆束上端面尽量处于同一平面内,并距扩孔底面以下约5cm,测杆保护管比测杆短约15cm。

(3)位移计入孔后,固定安装基座,并使其与孔口平齐,在固定基座与保护管的连接处涂抹PVC胶黏剂,然后把它嵌入且与套管管口平齐,直到胶黏剂固化为止。

(4)在固定安装基座时,排气管从基座旁边引出,排气管应伸进钻孔内0.5~1m,孔外预留长度2~3m。

(5)将孔口部位的测头组件与钻孔之间的间隙用速凝水泥回填并尽可能使其密实,待封孔水泥初凝后,以0.1~0.2MPa的灌浆压力进行灌浆。

(6)灌浆前,要将管路用泵打入水以降低摩擦,灌浆速度不可过快,直到排气孔回浆为止。注浆材料的弹性模量接近或小于其周围介质,一般情况下砂浆的灰砂比为1∶2,水灰比为0.38∶1~0.5∶1,加入水泥质量5%的膨胀剂、1%的减水剂,适当接入早强剂。

(7)灌浆结束24h后,打开基座保护罩,将传感器安装固定到基座传感器固定杆上,同时记录下每支传感器的出厂编号以及对应的测杆编号和测深位置。

(8)用配套频率读数仪逐一测读各支传感器并做好记录。若全部测读正常,在保护罩的电缆出口处安装好橡胶保护套,将全部测点传感器的信号电缆集成一束从橡胶保护套中沿保护罩由内向外传出,最后安装上保护罩(图8-12)。

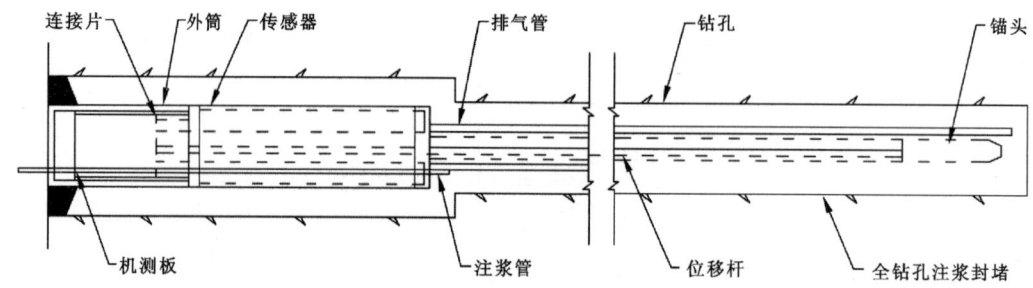

图8-12 钻孔位移计安装示意图

8.2.3 压力监测仪器

压力监测应充分利用钻探、坑槽探等勘探工程,布置在变形体底部、下伏软弱岩、软弱夹层、采空区等应力相对集中或变化较大部位。

8.2.3.1 压力计(盒)安装与埋设[20]

压力计(盒)埋设要求应符合下列规定。

(1)安装前应确认传感器的有效性,确保能正常工作。

(2)可采用坑式埋设或钻孔式埋设等方法。

(3)埋设时注意减小埋设效应的影响,做好仪器创面的制备、感应膜的保护和连接电缆或光缆的保护,以及其与终端的连接、确认、登记。

(4)安装后应及时对设备进行检查,满足监测设计书要求后方能使用,发现问题应及时处理或更换。

(5)安装稳定后,应测定静态初始值并进行调试,压力计(盒)的测读方法依所用仪器类型而定。

8.2.3.2 土体应力监测点安装与埋设

1. 坑式埋设

压力计(盒)、应力计等应水平安装在变形土体底部,并采用混凝土等刚性结构与变形体底座稳定岩土体连接,安装方法见图 8-13。

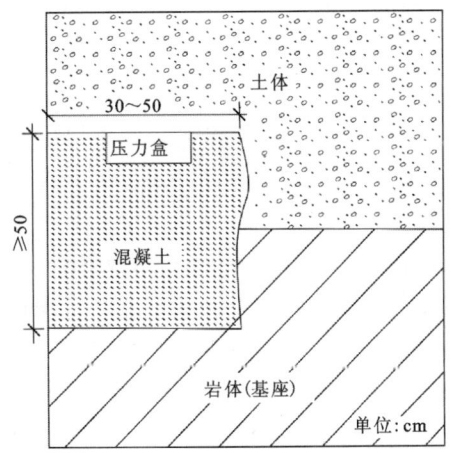

图 8-13 岩土体压力传感器坑式埋设安装示意图[18]

(1)黏性土中采用坑式埋设,具体要求为:①在黏性土中,坑槽深应大于 1.2m,坑底面积应大于 1m×1.2m,并应满足操作空间要求;②对于按分散方法水平埋设的土压力计(盒),宜在坑底中心刻挖传感器承台,承台高约 0.2m,利用承台制备传感器基床面;③对于铅直向与倾斜向埋设的土压力计(盒),按要求方向在坑底挖浅槽,槽深约等于土压力计的半径,宽为传感器厚度的 2~3 倍;④在黏性土中,传感器感应膜宜以薄层砂保护,或在传感器感应膜上贴附硅胶、橡胶等柔性膜进行保护;⑤仪器就位后,筛除土料中大于 5mm 的碎石,并压实,土压力计(盒)埋设后的安全覆盖厚度应不小于 1.2m。

(2)堆石中采用坑式埋设,具体要求为:①坑槽深约 1m,应制备基床面,进行传感器的感应膜保护,然后回填、压实;②组成各土压力计(盒)的中心位置高程,应符合设计埋设高程;③在堆石体内,传感器感应膜应按先充填砂层的过渡层法保护;④土压力计(盒)埋设后的安全覆盖厚度应不小于 1.5m。

2. 钻孔式埋设

钻孔式埋设要求应符合下列规定。

(1)先将压力计(盒)固定在安装架内。

(2)在钻孔设计深度以上 0.5~1.0m,放入带压力计(盒)的安装架,压力计(盒)导线通过安装架引到地面,然后通过安装架将压力计(盒)送到设计标高。

(3)压力计(盒)的承压面应与安装部位平整接触,并与应力方向垂直。

(4)安装完毕后,回填封孔。

8.2.3.3 岩体应力监测点安装与埋设

采用压力计(盒)、应力计等监测岩体应(压)力时,压力计(盒)、应力计等应水平安装在变形岩体底部软硬岩接触部位,并采用混凝土、螺旋杆等刚性结构与底座稳定岩土体连接,安装方法见图 8-14、图 8-15。

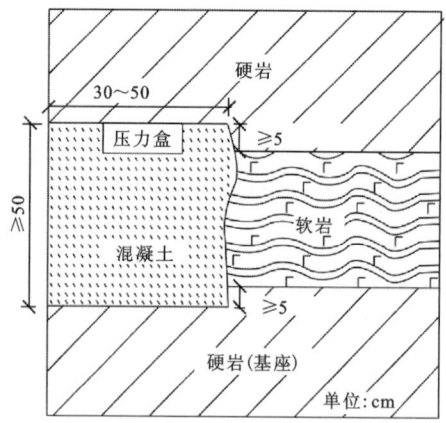

图 8-14 岩体压力盒安装方式示意图(混凝土支撑)[18]

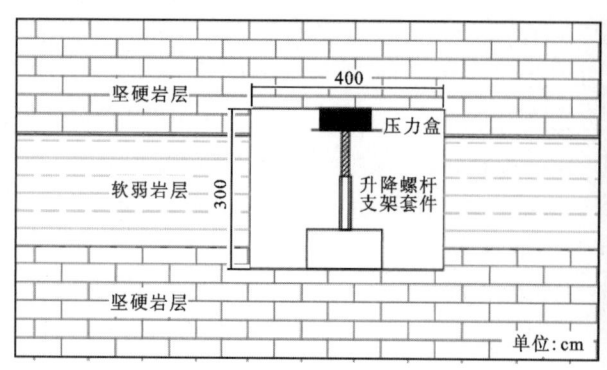

图 8-15 岩体压力盒安装方式示意图(螺旋杆支撑)

8.2.3.4 光纤光栅压力传感器安装与埋设[20]

根据压力测量需要,光纤光栅压力传感器可选择弹簧管式光纤光栅压力传感器或膜片式光纤光栅压力传感器。

光纤光栅压力传感器埋设安装应符合下列规定。

(1)应在地质灾害体承受压力最大处或典型断面布设土压力测点。

(2)光纤光栅土压力传感器的受力感应板应正对地质灾害体,背板应紧靠接触面。

(3)选择在地质灾害体上预埋模盒(模盒尺寸应为光纤光栅土压力传感器直径尺寸的1.1倍)或开坑槽的埋设方法。

(4)槽埋设按照图8-16要求,开凿光纤光栅土压力传感器直径尺寸1.1倍的坑槽,并预留Φ4mm的塑料管埋设槽,方便尾纤走线。内径为引线线径的1.2倍,深度要与尾纤高度持平,尾纤走线不能出现转弯半径小于50mm的过弯。岩土体中内埋尾纤需要全程套塑管保护,再埋入线槽中。

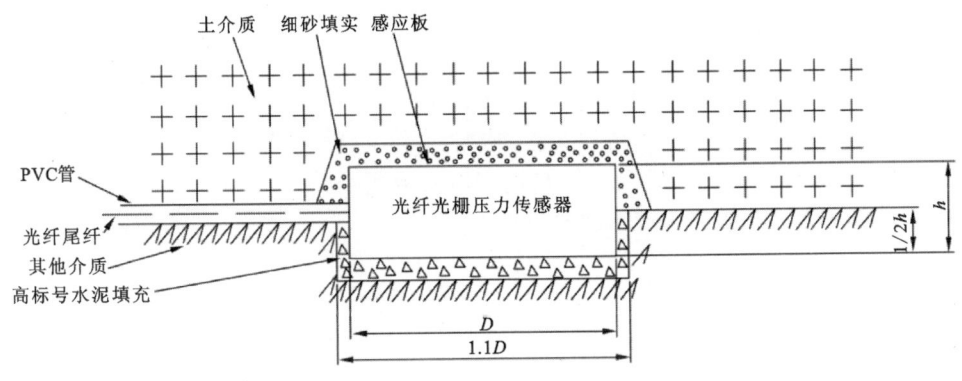

图8-16 光纤光栅压力传感器埋设示意图

(5)光纤光栅土压力传感器采用抗拉和抗压强度高的加筋光纤接续,根据应用环境要求选择相适应的材料密封光缆接头,并将接头放入带有锁紧功能的套管内保护,每单点接头的续接损耗须小于0.5dB。

(6)光纤光栅土压力传感器埋设时,应先在埋设坑槽内均匀放入少量高标号的水泥砂浆,然后将光纤光栅土压力传感器放入坑槽内,保持压力传感器的受力感应板正对着地质灾害体,并与接触面表面平齐,底部背板缝隙用水泥砂浆填充捣实,不宜留有空隙。

(7)光纤光栅土压力传感器的受力感应板与地质灾害体之间应用细砂土填充结实,不宜留有缝隙。

(8)安装过程中要利用光纤光栅解调仪观察土压力传感器数据变化,保证安装的有效性。

(9)光纤光栅压力传感器需要配有温度补偿测量,可采用内置自由光纤光栅补偿,或在同位置埋设光纤光栅温度计进行补偿。

(10)光纤光栅应力传感可以进行串联测量,要求同一支路上各传感点间的光纤光栅波长差应大于3nm,波长能量最大差应小于10dB。

8.2.4 应变监测仪器

应变监测宜采用仪表电测(应变计)和光纤光栅应变测量,监测内容应包括岩土体应变及其随时间变化趋势。

根据测试目的和形变量程,应选用灵敏度高、稳定时间长、抗干扰能力强的应变计,宜选用振弦式应变计和光纤光栅应变计。

8.2.4.1 应变计埋设安装

(1)根据岩土体分布情况、地质灾害体稳定性分析成果等,选定测试点。

(2)应变计可直接埋入岩土体中,通过测线与仪表相连。连接方式可采用直接连接或夹线连接。

(3)环境温度变化大时,应根据测点温度变化,消除岩土体截面温度应变和应变计本身产生的温度变形。

8.2.4.2 应变计组埋设安装

(1)埋设前的造坑:当浇筑至距设计埋设高度相差0.2m时,在仪器埋设位置做厚0.2m的混凝土基座面,用1.2m×1.2m×0.6m无底轻型木板箱框住应变计组,将装有应变计支座的定位杆插入设计位置。然后在木板箱周围浇筑混凝土,并随混凝土的升高而逐渐提升木板箱,直至达到浇筑位置后取出木板箱(图8-17)。

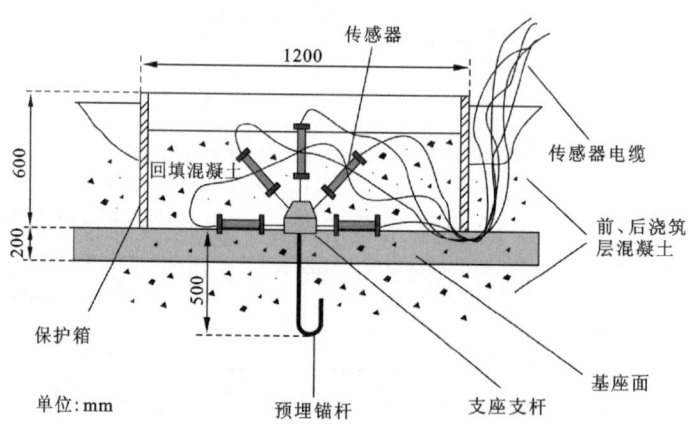

图8-17 应变计组的埋设示意图

(2)在浇筑混凝土过程中,要始终保持仪器的正确位置和方向,仪器安装角度误差不得超过设计要求的±1°,观测电缆要集中走线和埋设。

(3)应变计埋设时,埋设部位应预调出其测量量程的30%~50%。

(4)应变计组安装完成后,要及时核实每支传感器是否正常工作,如有损坏应及时更换。

(5)应变计组安装就位后应及时测量仪器初值,并定时测读应变计的读数,待混凝土初凝并水化热结束后,方可采集测读的基准读数。

8.2.4.3 光纤光栅应变传感器埋设安装

(1)光纤光栅应变传感器的安装宜采用表贴法,安装方向必须与预判应变走向垂直,并保证与地质灾害体紧密耦合。

(2)传输光纤续接时,光纤接头应相互匹配,每单点接头的续接损耗必须小于0.5dB,接头保护后抗拉强度不小于100N。

(3)传输光纤宜选用具有保护措施的G.652通信用单模光纤,内埋引线光缆需全程套管保护,过弯半径应大于50mm。

(4)光纤光栅应变传感器安装过程中要利用光纤光栅解调仪观察应变传感器数据变化,保证安装的有效性。

(5)光纤光栅应变传感器需要配有温度补偿测量,可采用内置自由光纤光栅补偿,或在同位置埋设光纤光栅温度计进行补偿。

(6)光纤光栅应变传感器可以进行串联测量,要求同一支路上各传感点间的光纤光栅波长差要大于3nm,波长能量最大差要小于10dB。

8.2.5 微震监测仪器

微震传感器的安装可采用钻孔安装和地表安装两种方式。

8.2.5.1 钻孔安装

(1)微震传感器应采用钻孔安装,钻孔可从坡面往下钻垂直孔或下斜孔,也可利用探槽、探硐、平硐或其他已有地下硐室钻水平孔或上斜孔。

(2)钻孔安装前应确保孔内无碎石残渣,并采用水泥砂浆浇灌,砂浆强度等级不得低于M10。应深入中风化基岩至少1m,总体孔深不小于3m,确保浇灌砂浆后的传感器与基岩充分耦合。孔径宜为传感器外径的1.3~1.5倍,且不应小于32mm。安装示意图参见图8-18。

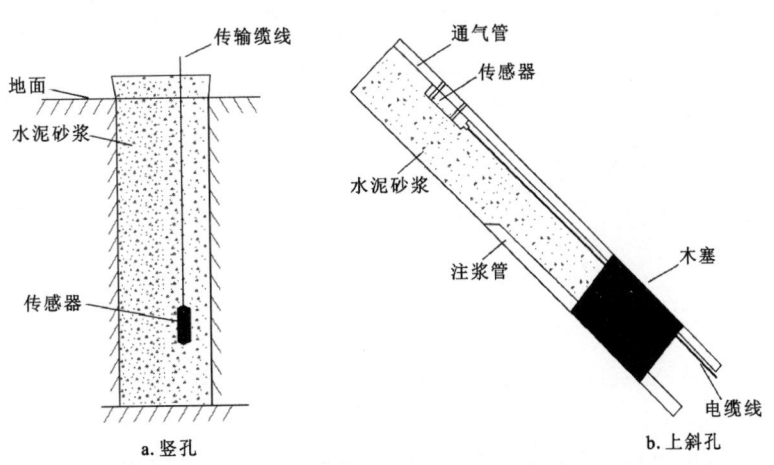

图8-18 微震传感器钻孔安装示意图

(3)若钻孔为水平孔、下斜孔或垂直孔,应利用安装杆将带电缆线的传感器放置至孔底,排气管应放置于孔口,防止被砂浆堵住无法排出孔内空气,注浆管应深入底部,以距孔底1～2m为宜,浆液注满标准与上倾孔时要求一致。

(4)若钻孔为上斜孔,应利用安装杆将带电缆线的传感器与排气管捆绑伸入孔底,孔口应采用木塞密封,排气管、注浆管和电缆线可从木塞的预制孔中穿出,注浆管不宜深入底部,以探入孔内1～2m为宜,应以排气孔溢出浆液为注满标准。

(5)如因地质条件限制,传感器只能埋设在断层或其他破碎岩层中,应采用导波杆作为辅助工具。

(6)传感器安装完成后,应对其进行编号,并记录其所在的空间位置坐标。

(7)数据采集仪应安装在室内,并应符合《建筑物电子信息系统防雷技术规范》(GB 50343—2012)关于防雷的有关规定。室内所有金属外壳、金属门窗、进出的金属管线都应与等电位箱做可靠连接。接地电阻不宜大于4Ω,宜采用等电位放射式连接,禁止串接。如周边岩层接地电阻大于160Ω,宜采用换土法或导电剂加以改善。进出建筑物的线缆、管线也必须做等电位可靠连接。

(8)数据采集仪应安装在距地面1.4～1.6m的高度位置,采集仪上方应避开窗户和管路。

(9)采用电缆传输时,线路宜采用埋地敷设,穿越路基、构造物、河流湖泊等,与其他管道交叉必须穿金属保护管。传输电缆在开阔地带或易遭雷击处严禁采用架空敷设。

(10)在低温高寒地区,室外缆线应选择耐寒类型,或采取其他有效的防寒措施。

8.2.5.2 地面安装

地震检波器应紧密贴合基岩或混凝土平台,传感器应设有防护罩并采取防潮隔热保护措施,应用混凝土将整个传感器及防护罩埋设,安装方法参见图8-19。

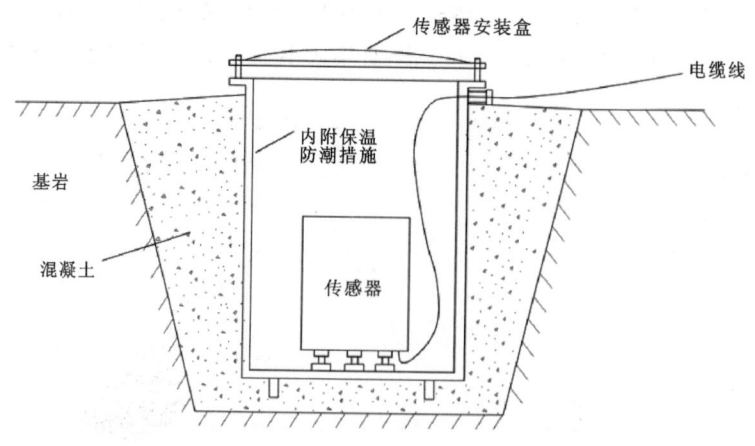

图8-19 地震检波器地表安装示意图

应采取以下防护措施减少环境对传感器的影响:①传感器应采用气密外壳进行封装,并采用干燥剂防潮;②传感器应避开电磁干扰,应与信号电缆和电源线保持一定的距离;③传感器的安装应使用绝缘底座,避免对地回路引起的噪声;④传感器应满足雷电防护要求,信号电缆长度不应超过300m。

地面震动监测仪器的数据采集模块、蓄能电池、通信系统等应置于保护箱内,无线传输装置应置于保护箱之外,保护箱的安装和基座施工可参照本手册"8.2.2.1 地表形变GNSS"安装要求,供电系统和防护措施可参照本手册"8.2.1 仪器设备安装通用要求"。

8.2.6 水力学监测仪器

8.2.6.1 管式含水率监测

含水率(量)监测装置的安装方式主要为钻孔安装和开挖坑槽安装。

1. 钻孔安装(图8-20)

(1)监测点位选择时,应选择土层较厚且碎石较少的区域安装,土层厚度一般不小于1m;安装点位附近有裂缝时,应保持1m以上的直线距离;安装后含水率计周边50cm范围内若新生裂缝,需要及时更换点位,以避免数据异常。

(2)安装前采用手动或机械取土钻竖直向下打孔,孔径一般大于传感器外管直径2~3mm,孔深大于等于传感器所标识的监测区域,保证各层传感器的埋设深度准确,避免安装后部分含水率传感器外露。

(3)安装时需采用原状土泥浆回灌,灌浆后泥浆应溢出地表,以保证传感器与土体之间紧密接触。

(4)安装后需立即检查安装数据质量(以安装后30min内的前3包数据为准),一般要求相邻两层土壤含水率数据差不超过±4%,全部层差不超过±6%。若层差偏差较大,应尽快拔出重新进行灌浆安装,直至达到层差要求。

(5)具备施工现场免标定(校准)功能的管式含水率计可直接检查安装数据质量,要求同步骤(4)。

(6)不具备施工现场免标定(校准)功能的管式含水率计,按照《土工试验方法标准》(GB/T 50123—2019),采用烘干法进行室内试验或原位测试进行标定,环刀取样不少于4组,然后现场或远程设定参数。标定工作全部完成后进行数据质量检查,要求同步骤(4)。

(7)仪器周围50cm内不应有金属,不应采用影响水分入渗或迁移的装置进行防护。

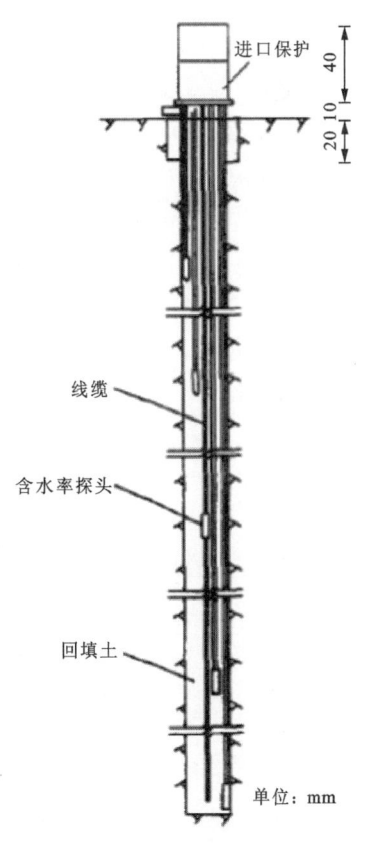

图8-20 含水率仪器钻孔安装示意图

2. 开挖坑槽安装(图 8-21)

与钻孔安装不同的是,开挖坑槽安装可以选择在回填过程中埋设,亦可选择在坑壁上打水平孔埋设。

(1)在回填过程中埋设,土料填筑超过仪器埋设高程 0.5m 后,暂停填筑。首先,测量并放出仪器位置,以仪器点为中心人工挖出长×宽×深为 1m×0.8m×0.5m 的坑,在坑底用与渗压计直径相同的前端呈锥形的铁棒打入土层中,深度与仪器长度一样,拔出铁棒后,将仪器取出读一个初始读数,并做好记录;然后,将仪器迅速插入孔内,但不得用锤敲打,只能用手加压,将仪器全部压入孔中,再把仪器末端电缆盘成一圈,其余电缆线从挖好的电缆沟向观测站引去;最后,分层填土夯实。

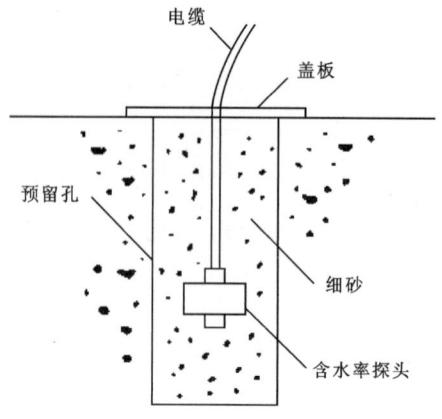

图 8-21 含水率仪器坑槽回填安装示意图

(2)坑壁水平埋设,需要用水平浅孔埋设和集水。浅孔的深度为 0.5m,直径 150~200mm,如果孔无透水裂隙,可根据需要的深度,在孔底套钻一个直径 30mm 左右的孔(图 8-22),经渗水试验合格后,孔内填入石,在大孔内填细砂,将渗压计埋在细砂中,并将孔口用盖板封上,然后用水泥砂浆封住,砂浆终凝后即可填筑混凝土或土石料。

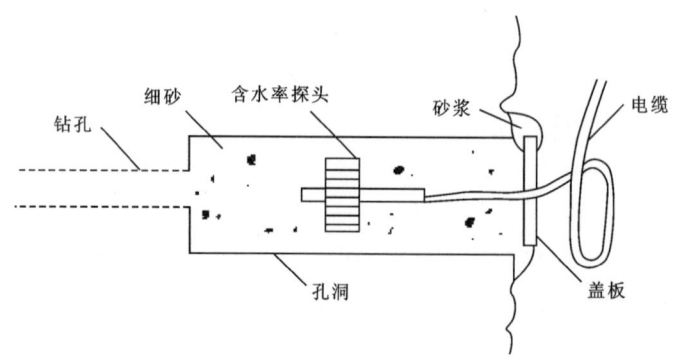

图 8-22 含水率仪器坑槽壁安装示意图

8.2.6.2 孔隙水压力(渗压)监测

安装方式主要为孔内安装或水下安装。其中,孔内安装方式参考含水率监测,在水下安装,主要针对监测对象的前缘涉水段(库水、河水)的监测,适宜在枯水季安装,可采用刚性体与探头连接伸入水下(确保低于枯水位)。下面以孔内安装为例,介绍埋设安装要点。

1. 监测钻孔施工

(1)地下水位监测钻孔施工前,应进行钻孔结构设计,包括开孔和终孔直径、孔深、孔斜、变径位置等。

(2)基岩监测钻孔,应采用清水钻进;松散层监测钻孔,可采用水压或泥浆钻进。

(3)监测钻孔应及时洗孔,宜洗至水位变化反应灵敏,洗孔结束前的出水含砂量不大于1/2000(体积比)。

(4)监测钻孔直径不应小于110mm,井管内径一般不应小于100mm,孔深在100m深度内孔斜度不低于1.5°,孔深误差不大于0.2%。

(5)监测钻孔深度一般应穿过隐患体3~5m。

(6)在下滤水管之前,应再进行一次清孔,确保滤水管能顺利到达指定位置。

(7)在裂隙、岩溶含水层中宜采用裸孔架、缠丝过滤器或填砾过滤器;在卵石、圆(角)砾及粗中砂含水层中,宜采用缠丝过滤器或填砾过滤器;在粉细砂含水层中,宜采用填砾过滤器。

(8)过滤器宜为圆孔过滤器,圆孔直径为20~40mm,管外用60目尼龙纱网2层包扎,孔隙率为18~23。

(9)监测钻孔宜全孔取芯,随钻编录;在钻进过程中,应对水位、水温、冲洗液消耗量、漏水位置、孔壁坍塌、含水构造、溶洞起止深度等进行观测与记录。

(10)钻探结束后,应测量坐标和孔口高程。

2. 测管安装

(1)测管的管材应根据地下水水质、管材强度、监测孔的口径与深度及技术经济等因素确定,可选用镀锌管、钢管、铸铁管、预制钢筋混凝土管及PVC管等。

(2)测管直径一般为50~90mm,管底加盖密封,下部留出2.0m长且不打孔作为沉淀段,上部留出1.0m长不打孔作为管口封闭段,中间部分的管壁周围钻出直径为10~30mm的滤水孔。

(3)测管滤水孔纵向间距取50mm,梅花状交错排列,管壁外部用缠丝包网作为过滤层。

(4)在裂隙、岩溶含水层中宜采用裸孔架、缠丝过滤器或填砾过滤器作为过滤层;在卵石、圆(角)砾及粗中砂含水层中,宜采用缠丝过滤器或填砾过滤器作为过滤层;在粉细砂含水层中,宜采用填砾过滤器作为过滤层。

(5)过滤器宜为圆孔,孔径为20~40mm,管外用2层60目尼龙纱网包扎,孔隙率为18~23。

(6)测管下放完毕后,用砾料回填测管与孔壁之间的缝隙,根据过滤器的位置确定填砾高度,填至离地面高0.5~1.0m处,再用黏土球封闭环形空间至地面,以防地表水渗入。

(7)测管安装完成后,应对管内进行清淤,做好孔口保护;孔口应砌筑测试平台,尺寸宜为1.5m×1.5m。

8.2.7 其他监测仪器

8.2.7.1 雨量计安装

(1)雨量计立杆高度建议不低于2m。

(2)雨量探头以及主机的安装和基座施工可参照本手册"8.2.2.1 地表形变GNSS"安装要求,供电系统和防护措施可参照本手册"8.2.1 仪器设备安装通用要求"。

(3)安装完成后应检查承水器口、压敏(电)感应区是否水平,雨量计承雨器口、承雨面的安装高度选定后,不得随意变动,以保持历年降雨量观测高度的一致性和降雨记录的可比性。

(4)数据采集模块、蓄能电池、通信系统等应置于保护箱内,无线传输装置应置于保护箱之外(图8-23)。

8.2.7.2 泥(水)位计

(1)泥(水)位计不应安装在沟道内及其他易被损毁处,立杆和横杆管径应分别大于(或等于)140mm、76mm,管壁厚度大于(或等于)4mm,立杆高度不小于3m,支撑杆管径和长度视实际需求而定,要求雷达传感器晃动幅度不超过精度范围(图8-24)。

(2)主机的安装和基座施工可参照本手册"8.1 土建施工基本要求""8.2.2.1 地表形变GNSS"安装要求,供电系统和防护措施可参照本手册"8.2.1 仪器设备安装通用要求"。

图8-23 雨量计安装示意图

(3)安装完成后应检查泥(水)位探头是否竖直正对沟道,固定稳固,不得随风晃动,应定期清理干涸河道内的杂草植被。

(4)数据采集模块、蓄能电池、通信系统等应置于保护箱内,无线传输装置应置于保护箱之外。

8.2.7.3 泥石流次声监测[21]

(1)次声监测仪器宜采用一体化安装,传感器、数据采集模块、蓄能电池、供电系统、通信系统宜置于通风的建筑物内,该建筑物可距流通区数

图8-24 泥(水)位计安装示意图

千米,应有较好的通视性。如果在室外,则应置于保护箱内,保护箱应具备防雨、防风、防腐蚀的功能,应在保护箱的下部设计百叶窗式通风口,确保泥石流次声信号能进入保护箱并被次声传感器接收。

(2)无线传输天线应置于保护箱外,确保数据传输顺畅。

(3)保护箱应高于地面1.8m以上,可将保护箱绑定在金属空心立杆上;应确保立杆和保护箱安装牢固,避免仪器箱震动产生的谐振噪声信号;立杆应置于稳定基座之上,并应安装避雷装置。监测仪器安装和基座施工可参照本手册"8.1 土建施工基本要求"和"8.2.2.1 地表形变GNSS"安装要求,供电系统和防护措施可参照本手册"8.2.1 仪器设备安装通用要求"。

8.2.7.4 角反射器

角反射器的工作原理是将3个反射面按照相互垂直的方式组装起来,这样角反射器拥有3条公共的棱边,效果等同于3个棱镜。角反射器具有任意光线经过反射面相继反射后反射出去的光线方向与入射方向始终保持严格平行的特性。

角反射器的设计尺寸应考虑雷达波的波长和频率,普遍存在的一般原理为:波长如果越长,则要求角反射器的棱越长。制作角反射器的材料应该具有表面光滑、反射能力强等特点。

角反射器的布设位置原则为:视野开阔,无遮挡,无地形起伏;背景地物类型单调,无裸露岩石;远离建筑物;角反射器的分布大致均匀。

针对不同的雷达卫星运行平台,角反射器的安装要领不一致,安装要求需根据影像数据参数来确定。安装角反射器时,需确保卫星入射方位与角反射器的法线方位平行,目的是使得角反射器的RCS值(用来描述对雷达波的反射能力参数)尽可能地达到最大,使其在雷达过境影像上能够被有效地识别。

8.2.7.5 传感光缆[22-23]

传感光缆植入宜由专业的技术人员实施。

1. 传感光缆植入前检测与评价

在传感光缆植入土体前应进行检测与评价,满足要求后方可进行植入。传感光缆的检测与评价宜按照下列流程进行。

(1)在植入光缆前,先进行表面的外观检查,看其外观是否存在明显的破损弯折等问题。

(2)经外观检查无明显质量问题后,可采用OTDR对传感光缆进行检测,确定其实际长度、光纤内部是否存在断点等情况。

(3)采用弱反射光栅解调仪进行传感光缆的性能检测,根据光谱图、波长图等信息进行参数调整,确保测试数据采集正确。

2. 传感光缆植入

传感光缆经检测后,在地质安全变形监测点植入光缆宜按下列步骤进行。

(1)开挖沟槽,当已知地裂缝位置时,沟槽方向应垂直于地裂缝延展方向;当未知地裂缝位置时,沟槽应尽量垂直于地裂缝可能延展的方向。根据监测方案以及地裂缝监测要求决定沟槽的长度、宽度和深度。

(2)整平沟槽。

(3)应采用直接铺设的方法将传感光缆布设入沟槽中,传感光缆的长度不应短于沟槽的长度。

(4)将定点传感光缆通过固定夹具和锚固杆件等固定于土中,铺设过程中需要对其进行预拉处理。

(5)传感光缆进行填埋整平后,对沟槽进行分层回填。

(6)回填结束后,将尾纤进行熔接,归并到监测箱。

(7)对于开槽困难的监测区域,可采用夹具固定定点的方式将传感光缆固定在监测体上,并在铺设过程中对光缆进行预拉处理。

8.2.7.6　弱反射光栅传感器

(1)根据监测需求,将对应类型的传感器安装在指定位置。

(2)在灾害体主裂缝位置,位移传感器应尽可能垂直穿过裂缝安装。

(3)依据被监测裂缝的开合程度将位移传感器的测杆或拉绳拉出至合适的位置后,采用机械膨胀螺栓锚杆安装的方式分别固定位移传感器的主体和测量杆或拉绳。

(4)弱反射光栅倾角传感器应固定在灾害体表面或水泥台上,以便准确反映灾害体变化。

(5)弱反射光栅倾角传感器的敏感轴向必须与被测面的倾斜轴向保持平行。

(6)依据监测需求,采用机械膨胀螺栓锚杆安装的方式固定弱反射光栅倾角传感器。

(7)同一监测区内的传感器可通过光纤引线串接,然后将光纤引线归并到监测箱。

9 滑坡(边坡)监测

9.1 滑坡(边坡)的分类与地质模型

滑坡(边坡)地质模型的建立,首先要查清滑坡地质结构特征和引起滑动的力学特征,可以根据已有调查、勘查资料,结合实地踏勘结果,综合分析滑坡的地质结构和存在的形变特征,结合力学特征建立滑坡地质模型。工程边坡依据其变形特征,并适当结合工程特点,参照对应滑坡地质模型实施监测。

9.1.1 边坡的类型

按成因,边坡分为自然边坡(斜坡)、人工(工程)边坡。人工(工程)边坡又可分为挖方边坡和填筑边坡。

挖方边坡:由山体开挖形成的边坡,如路堑边坡、露天矿边坡等。

填筑边坡:填方经压实形成的边坡,如路堤边坡、渠堤边坡等。

按土的性质,边坡分为岩质边坡、土质边坡。

按坡高,边坡分为超高边坡、高边坡、中高边坡、低边坡。

超高边坡:岩质边坡坡高大于 30m,土质边坡坡高大于 15m。

高边坡:岩质边坡坡高 15～30m,土质边坡坡高 10～15m。

中高边坡:岩质边坡坡高 8～15m,土质边坡坡高 5～10m。

低边坡:岩质边坡坡高小于 8m,土质边坡坡高小于 5m。

按坡长,边坡分为长边坡、中长边坡、短边坡。

长边坡:坡长大于 300m。

中长边坡:坡长 100～300m。

短边坡:坡长小于 100m。

按坡度,边坡分为缓坡、中等坡、陡坡、急坡、倒坡。

缓坡:坡度小于 15°。

中等坡:坡度 15°～30°。

陡坡:坡度 30°～60°。

急坡:坡度 60°～90°。

倒坡:坡度大于 90°。

按稳定性,边坡分为稳定坡、不稳定坡、已失稳坡。

稳定坡：稳定条件好，不会发生破坏。
不稳定坡：稳定条件差或已发生局部破坏，必须处理才能稳定。
已失稳坡：已发生明显破坏。

按结构，边坡分为类均质土边坡、近水平层状边坡、顺向层状边坡、逆向层状边坡、块状岩体边坡、碎裂状岩体边坡、散体状边坡（图9-1）。

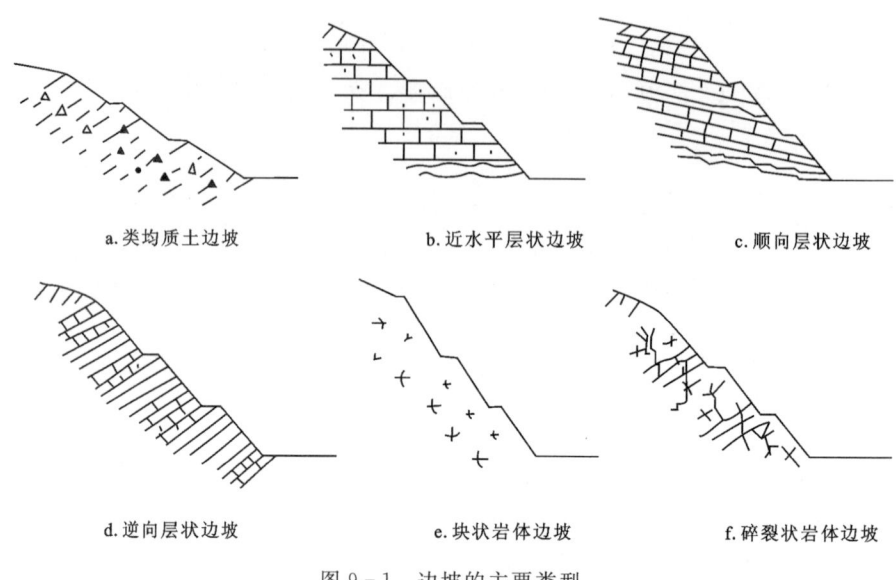

图9-1 边坡的主要类型

类均质土边坡：边坡由均质土构成，如黄土边坡。
近水平层状边坡：由近水平层的岩土体构成，如堆积土边坡。
顺向层状边坡：由倾向临空面的（开挖面）的岩土体构成的边坡。
逆向层状边坡：岩土层的面倾向边坡内。
块状岩体边坡：边坡由厚层—块状岩体构成。
碎裂状岩体边坡：边坡由碎裂状岩体构成，通常发育在断层破碎带或节理密集带。
散体状边坡：边坡由碎石、砂构成，如强风化层。
按使用年限，边坡分为临时边坡、短期边坡、永久边坡。
临时边坡：只在施工期间存在的边坡，如基坑边坡。
短期边坡：只存在10～20年的边坡，如露天矿边坡。
永久边坡：长期使用的边坡。
另外，有些只分临时边坡和永久边坡，《建筑边坡工程技术规范》（GB 50330—2013）作如下规定：临时边坡为设计使用年限不超过两年的边坡，永久边坡为设计使用年限超过两年的边坡。

9.1.2 边坡的破坏

边坡破坏主要包括滑坡和崩塌两种形式。

9 滑坡(边坡)监测

滑坡是指边坡在自然或人为因素的影响下失去稳定,沿一定的破坏面整体下滑的现象。按滑面形式可分为平面滑动、圆弧滑动以及楔形体滑动(图9-2)。平面破坏是边坡沿某一主要结构面如层面、节理或断层面发生滑动,而滑体的两端多呈拉断破坏,其滑动线为直线。圆弧形破坏是边坡岩体在破坏时其滑动面呈圆弧状下滑破坏。楔形体破坏是边坡岩体中有两组或两组以上结构面与边坡相交,将岩体相互交切成楔形体而发生破坏。

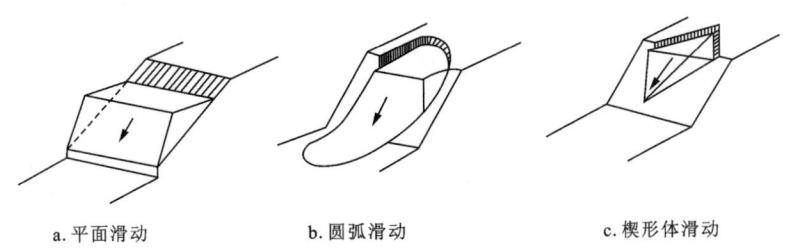

a.平面滑动   b.圆弧滑动   c.楔形体滑动

图9-2 边坡滑移主要类型

崩塌是陡坡上的岩体或土体在重力和其他外力作用下,突然向下崩落的现象。崩塌过程中岩体或土体猛烈地翻滚、跳跃、互相撞击,最后堆积于坡脚,原岩体或土体结构遭到严重破坏。崩塌的破坏模式等内容见"10.1.3 崩塌的破坏类型"。

《滑坡防治工程勘查规范》(GB/T 32864—2016)在边坡滑移分类上采纳了国际工程地质协会(International Association of Engineering Geology,简称IAEG)推荐的斜坡移动分类方案,比较全面地概括了斜坡岩土体的运动特点和相互转化关系,见表9-1。

边坡的破坏形式分类也可参考《建筑边坡工程技术规范》(GB 50330—2013)。

表9-1 边坡破坏分类简表

破坏形式			物质类型		
			岩质	土质	
				粗粒为主	细粒为主
崩落			岩石崩落	碎屑崩落	土崩落
倾倒			岩石倾倒	碎屑倾倒	土倾倒
滑动	旋转型	少数单元	岩石旋转滑动	碎屑旋转滑动	土旋转滑动
	平移型		岩石块体滑动	碎屑块体滑动	土块体滑动
		多数单元	岩石滑动	碎屑滑坡	土滑坡
侧向扩展			岩石扩展	碎屑扩展	土扩展
流动			岩石流动(深部蠕动)	碎屑流	土流
				土蠕变	
复合移动			两个或以上主要滑动类型组合形成		

9.1.3 滑坡及其形变要素

根据资料分析及踏勘结果,判识出滑坡目前已经存在的形变特征及趋势,为下一步滑坡静态力学分析提供依据。一般滑坡及其形变要素如图9-3所示。

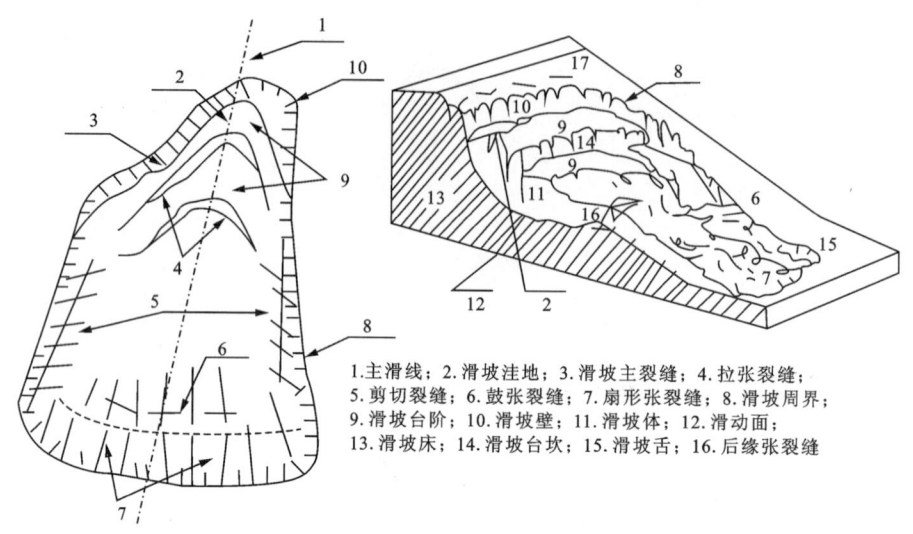

1.主滑线;2.滑坡洼地;3.滑坡主裂缝;4.拉张裂缝;
5.剪切裂缝;6.鼓张裂缝;7.扇形张裂缝;8.滑坡周界;
9.滑坡台阶;10.滑坡壁;11.滑坡体;12.滑动面;
13.滑坡床;14.滑坡台坎;15.滑坡舌;16.后缘张裂缝

图9-3 滑坡及其形变要素示意图

1. 滑坡体

斜坡边缘与山体(母体)脱离并且向下滑动的那部分岩土体,称为滑坡体,或简称滑体。滑坡体上的土石松动破碎,表面起伏不平,裂缝纵横,有些洼地积水成沼泽,长着喜水植物。不同滑坡体的体积差别很大,小型滑坡只有十几到几十立方米,大型滑坡体可达几百万至几千万立方米,特大型滑坡体甚至可达几亿立方米或更大。

2. 滑坡周界

滑坡体与其紧挨着的周围不动土石体(母体)的分界线,称为滑坡周界。有些滑坡周界明显,有些滑坡周界则很不明显。只有确定了滑坡周界,滑坡的范围才能圈定。

3. 滑坡壁

滑坡体与母体脱离开之后,两者之间的分界面在后部出露的部分称为滑坡壁,它在平面上多呈圈椅状,其高度视滑动量与滑坡体大小而定,从数米至数百米不等。坡度多在30°~70°之间,似壁状,称滑坡壁或滑坡后壁。一般在新的滑坡壁上,都可以找到滑动擦痕,擦痕的方向即表示滑坡体滑动的方向。

4. 滑坡台阶

由于滑坡体上、下各区块的滑动时间和滑动速度常常不一致,在滑坡体表面往往形成一些错台、陡壁,这种微小的地貌称为滑坡台阶或台坎,而宽大平缓的台面则称为滑坡平台或滑坡台地。

5. 滑动面、滑动带和滑坡床

在滑坡体移动时,它与不动体(母体)之间形成一个界面并沿其下滑,这个面就叫做滑动面,简称滑面。滑动面以上揉皱的、厚数厘米至数米的扰动地带,称为滑动带,简称滑带。滑动面以下的不动体(母体),叫做滑坡床。有些滑坡并没有明显的滑动面,在滑坡床之上就是软塑状的滑动带。

6. 滑坡舌

滑坡体前面延伸至沟堑或河谷中的那部分舌状滑体,称为滑坡舌,也叫做滑坡前缘、滑坡头部或滑坡鼓丘。在河谷中的滑坡舌往往被河水冲刷而仅仅残留一些孤石。被称为滑坡鼓丘时,滑坡体常常是由于向前滑动过程中受到阻碍而形成了隆起的小丘。

7. 主滑线

滑坡体滑动速度最快的纵向线叫做主滑线,也叫滑坡轴。主滑线代表着一个滑坡整体滑动的方向,它位于滑坡体上推力最大、滑坡床凹槽最深的纵断面上,是滑坡体最厚的部分。主滑线或为直线,或为曲线、折线,主要取决于滑坡床顶面的形状。

8. 滑坡裂缝

滑坡在滑动之前和在滑动过程中,由于受力状况不同、形变速度差异,会产生性质不同的裂缝。

(1)拉张裂缝:分布于滑坡体上部的地面,因滑坡体向下滑动或蠕动,产生拉张作用,形成若干条长 10 多米到数百米的张口裂缝,且多呈弧形,其方向与滑坡壁大致平行或吻合。位于最外面的一条拉张裂缝,即与滑坡壁重合的一条,通常称为主裂缝。

(2)剪切裂缝:分布于滑坡体中下部的两侧,由于滑坡体和相邻不动土石体之间的相对位移而产生剪切作用,或者由于滑坡体中央部分比两侧滑动更快而产生剪切作用,因而形成大体上与滑动方向平行的裂缝。在这些裂缝的两侧,还常常衍生出羽毛状平行排列的次一级裂缝。有时由于挤压和扰动,沿着剪切裂缝常形成细长的土堆。

(3)鼓胀(隆张)裂缝:当滑坡体向前方滑动时,因为受到阻碍或上部滑动速度快于下部,土石体就会产生隆起并开裂形成张开的裂缝,鼓胀裂缝的方向与滑动方向垂直或平行。

(4)扇形张裂缝:分布在滑坡体中下部,尤以滑坡舌部为多,因滑坡体下部向两侧扩散而形成,它们也属于张开的裂缝。这些裂缝在滑坡体中部大致与滑坡滑动方向平行或成锐角相交,在滑坡舌部则呈放射状,所以也称为扇形张裂缝或放射状裂缝。

9. 封闭洼地

滑坡体向前滑动后,与滑坡壁之间拉开成沟槽或陷落成洼地,从而形成四周高、中间低的封闭洼地。封闭洼地中如果地下水经滑坡壁在此出露,或地表水在此汇集,形成湿地或水塘,就称为滑坡湖。

需要指出的是,滑坡的外貌特征往往只有新生滑坡或产生不久的滑坡才显露得比较典型。由于人为活动或自然的原因,发生时间较久的老滑坡的本来面貌常常受到破坏,以致不容易观察出来,必须通过仔细地调查,寻找出残留的特征和迹象,才能正确地加以识别。对于潜在的未发生过失稳破坏的斜坡也不具备以上特征,而工程边坡未失稳前虽不具备滑坡特征,但可能存在裂缝、鼓胀和错台等宏观形变现象。

9.1.4 滑坡地质结构特征

根据监测需要,结合可能产生重力滑移运动的滑体和重力滑移运动后的堆积体的物质组成等要素,将西南山区滑坡按不同划分依据进行分类(表9-2),但在具体实际工程应用中应根据实际情况综合运用。

表9-2 滑坡的分类

划分依据	名称类别	特征说明
物质组成	土质滑坡	滑动的物质为冲积、洪积、残积、崩坡积等松散土体
	岩质滑坡	滑动的物质为岩体的滑坡
滑体与下伏岩层面关系	顺层滑坡	沿下伏基岩层面滑动的滑坡
	切层滑坡	滑动面与岩层面切交
滑动形式与初始滑动部位	推移式滑坡	始滑部位在滑坡后缘,主要动力来自滑坡后部的荷载
	牵引式滑坡	始滑部位在滑坡前缘,主要原因是坡脚受河流冲刷或人工开挖
	复合式滑坡	在后部推移、前缘牵引的共同作用下发生
主导诱发因素	工程滑坡	由开挖、加载、蓄水等人类工程活动引起的滑坡
	自然滑坡	由自然地质作用产生的滑坡

9.1.5 滑坡的静态力学特征

斜坡的失稳滑动,从某种意义上说是作用于滑坡这一系统下滑力超过了滑床抗滑力的结果。下滑力主要来自滑坡体自重力沿滑动面的下滑分力,它与滑坡体物质的重度(γ)、滑体厚度(h)及滑面倾角(α)有关,还有静水压力、动水压力和地震力等附加力。抗滑力主要为滑动面(带)土的黏聚力和摩擦力,还有滑体两侧不动体的阻滑力等。

滑坡作为一个受力体系，根据受力特点可在平面上分为中部平移区、上部受拉区、下部阻滑受压区、两侧剪切区，如图 9-4 所示。

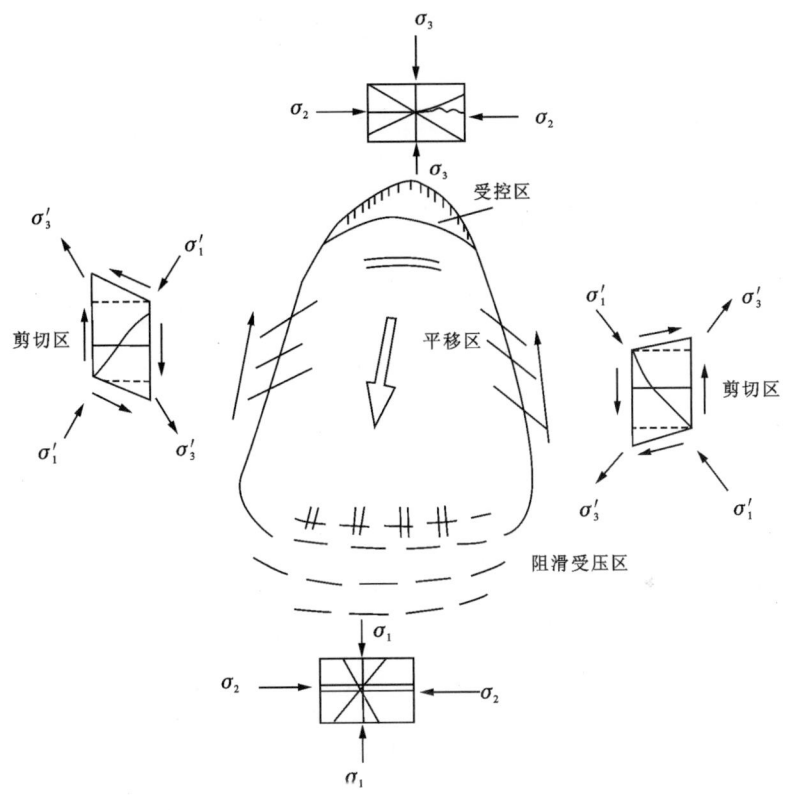

图 9-4 滑坡平面受力状态示意图

由于滑坡的蠕滑先从中下部开始，上部因中部下移而失去侧向支撑力产生主动土压破坏，形成拉张裂缝。因此，大主应力 σ_1 为该段土体自重力 (γh)，铅垂向下（垂直纸面），小主应力 σ_3 呈水平方向，由于 σ_3 减小，故产生垂直滑动方向的拉裂缝。相应的剪切裂缝不发育。

中部为整体平移区，故该区滑体内裂缝很少或没有裂缝，但其两侧因受不动体的阻力，形成了左、右两对力偶，并派生出相应的大主应力和小主应力 σ_3'，相应形成张扭性裂面和压扭性裂面。由于土体的抗拉强度低，故张扭性裂面表现明显，即在滑坡两侧先呈现出雁行排列的羽状张裂缝，相反，压扭性裂面则表现不明显。与 σ_1' 成锐角相交的一组共轭剪性面有时也发育，使滑坡边缘的剪切裂缝追踪该剪性面和羽状裂缝发育。

下部为阻滑受压区，大主应力 σ_1 平行主滑段滑动面，小主应力 σ_3 与其垂直，因此首先出现顺滑动方向 (σ_1) 的张裂缝，因滑体下部向两侧扩散，故此张裂缝常呈放射状，称为放射状张裂缝。随着滑坡的滑动，垂直滑动方向的土体受压隆起，并产生垂直滑动方向的鼓胀裂缝。

以上是土体滑坡的情况，若是岩石滑坡，虽受力状态相同，但所产生的相应位置的裂缝往往追踪岩体内已有的构造裂面或其组合面，分布仍是有规律的。

为了分析滑坡的内部应力场,选择其主轴断面来分析,且把滑体近似看作刚体,重点分析滑动面(带)的受力状态。通常滑坡多具有图 9-5 所示的三段式滑动模式,即牵引段、主滑段和抗滑段,相应地有主滑段滑动面、牵引段滑动面和抗滑段滑动面。主滑段滑动面常依附于地质上先已存在的软弱面。各段滑面的受力状态如下。

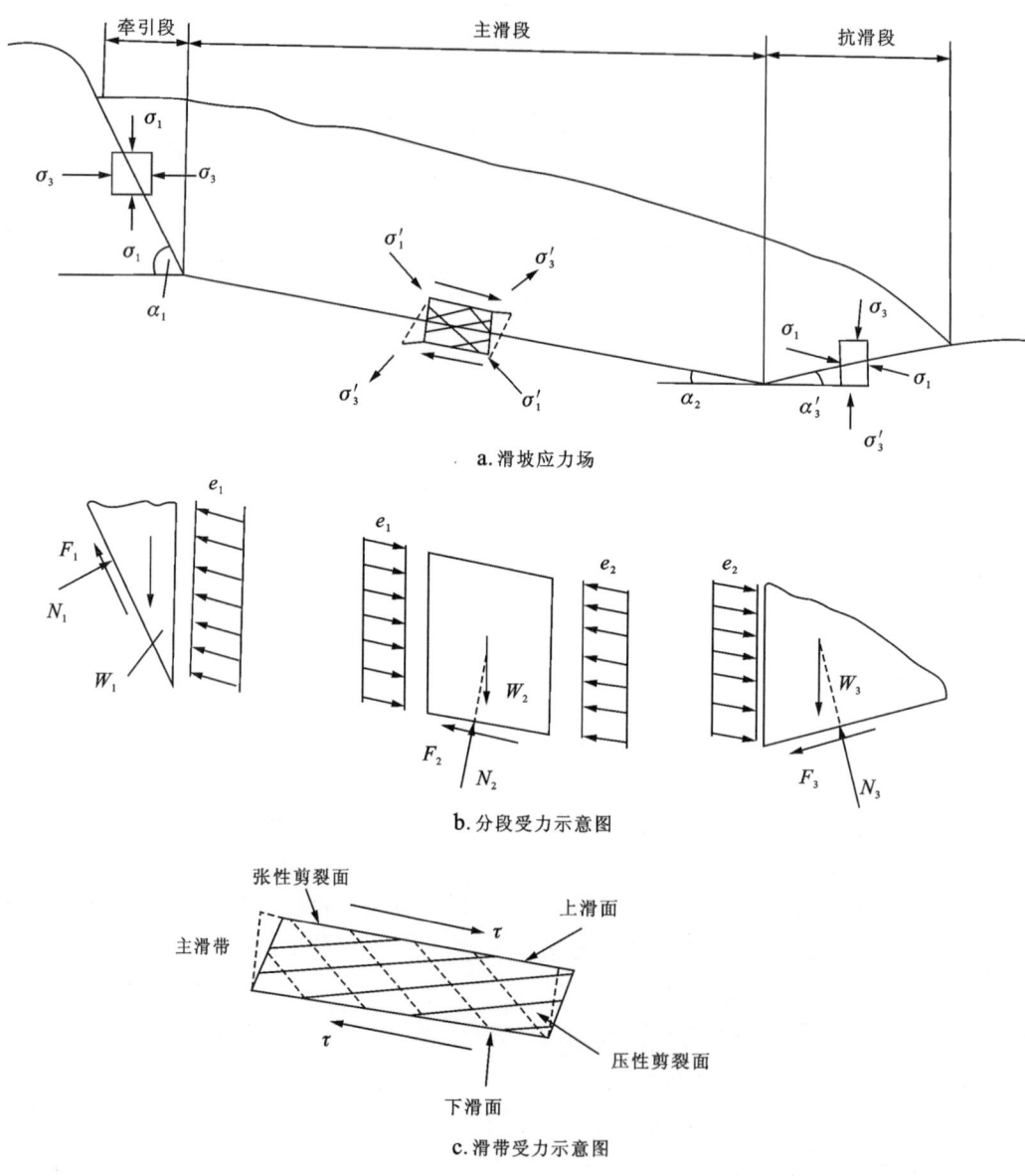

图 9-5　三段式滑动模式及其应力示意图

1. 牵引段

滑坡的滑动是由于斜坡下部受冲刷或切割,或由于水作用造成应力调整、坡体松弛,表面水渗入软化滑带,主滑段首先失稳产生蠕动,牵引段因失去下部支撑而发生主动土压破裂。因此,牵引段的大主应力 σ_1 是该段土体自重力(γh),小主应力 σ_3 为水平压应力。由于 σ_3 的减小而产生主动土压破坏,破裂面与大主应力 σ_1 的夹角为($45°-\Phi/2$),Φ 为牵引段土体的综合内摩擦角,破裂面与水平面的夹角 $\alpha_1=45°+\Phi/2$。由于滑坡上部含水程度不高,对黏性土来说 Φ 为 30°左右,故 α_1 为 60°左右;堆积土 Φ 为 40°,α_1 为 65°;胶结较好的地层 Φ 为 50°,α_1 为 70°;对于岩质滑坡,该破裂面则受岩体中已有构造面的控制。

2. 主滑段

主滑段一般属纯剪切受力,即受平行滑面的下滑力与滑床的阻滑力构成的一对力偶作用,派生出主压应力 σ_1' 和主张应力 σ_3',从而形成一组压扭面和一组张扭面。当滑坡位移较大时,在滑动带的上、下形成一个或两个剪切光滑面,并常有擦痕。压扭面也光滑,但一般倾角比主滑动面陡。有时在钻探中因主滑面被破坏而在岩芯中见到陡倾角的光滑面,此为压扭面,它是滑带的标志,但非主滑动面。

3. 抗滑段

抗滑段受来自主滑段和牵引段的滑坡推力,因此其大主应力 σ_1 平行于主滑段滑面,小主应力 σ_3 与 σ_1 垂直,因而产生被动土压破裂面。该面与大主应力 σ_1 的夹角为 $45°-\Phi_1/2$(Φ_1 为抗滑段土体的综合内摩擦角)。该新生破裂面与水平面的夹角 $\alpha_3=45°-\Phi_1/2-\alpha_2$,$\alpha_2$ 为主滑段滑面与水平面的夹角。α_3 为牵引段滑面的倾角,形成地表反翘的剪出口。由于滑坡下部相对积水,Φ_1 较小,如取 $\Phi_1=20°\sim30°$,主滑面倾角取 $\alpha_2=15°$,则 $\alpha_3=20°\sim30°$。不过因受地层结构和临空面条件控制,剪出口常有多条,该段滑面也具一定曲面形态。

对于岩石滑坡,以上原理仍是相同的,只是破裂面受岩体中结构面控制,不像土体中那样规则。当岩体破裂面强度高时,反倾角度会更大一些。

斜坡演化是一个动态过程。分析滑坡受力情况和形变特征,有利于判断牵引段、主滑段及抗滑段,再根据其地质结构构建地质模型。

9.1.6 滑坡(边坡)地质模型

根据监测的需要,按滑体物质组成将滑坡划分为岩质和土质两大类,再结合滑坡地质结构和力学特征对其进行综合分类。地质模型采用"A1/A2(成因)+B1/B2(物质组成)+C1(结构特征)+C2(力学特征)"的模式进行构建,如"自然+岩质-顺层-平面-牵引式-平移滑动"滑坡,"人工+细粒土质-切层-圆弧-牵引式-侧向扩展"滑坡。滑坡地质模型的构建可参照表 9-3,而对于工程边坡,除了考虑地质体本身结构和力学特征以外,还要考虑构建的支挡结构物对地质条件的改变。

此外,还可依据实际工作需求,从不同的角度对滑坡进行分析和地质模型构建,如考虑滑坡的规模、期次、厚度等。

表 9-3 滑坡地质模型构成简表

一级	一级分类	分级	二级分类		
A	成因或诱因	A1	自然		
		A2	人工(工程)		
B	物质组成	B1	岩质	岩体	
		B2	土质	粗粒为主	
				细粒为主	
C	地质结构和力学特征	C1	地质结构	与下伏岩层面关系	顺层滑坡	顺层(下伏基岩有一定角度)
						近水平(下伏基岩倾角近水平)
					切层滑坡	切层(倾向与主滑方向大角度相交)
						逆向(倾向与主滑方向相反)
				滑面形式	平面形	
					圆弧形	
					楔形	
		C2	力学特征	滑动形式	牵引式	
					推移式	
				破坏形式	旋转滑动	
					平移滑动	
					侧向扩展	
					流动	
					复合式	

9.2 滑坡(工程边坡)的常用监测方法

9.2.1 滑坡(边坡)的监测内容

基于工程安全的考虑和对斜坡稳定性及发展状态的掌握，滑坡或工程边坡的监测内容包括地表变形、内部变形、地下水动态，以及其他可以反映监测对象形变的力学参数和降水等诱发或促进形变的环境因素等(表 9-4)。通过监测获取有关数据和资料，为滑坡预警预报和灾害风险防控提供依据。针对工程边坡，应重点关注支护结构物的监测。

表 9-4 滑坡(边坡)的主要监测内容

监测内容	监测项目	监测目的
地表变形	水平位移	观测地表产生形变的位移及其发展情况
	垂向位移	
	相对位移	观测因形变产生的裂缝的发展情况
内部变形	深部位移	观测相对稳定地层的地下岩土体的位移情况,确定滑动面位置和滑体变形速率,判断主滑方向,判定滑坡或工程边坡的稳定状况,评判滑坡加固工程效果
地下水动态	孔隙水压	通过孔隙水压力的变化判断坡体内水环境的变化和地下水的流通性
	地下水位	通过地下水位和水质变化判断地下水与降水、地表水等的关系,评判地下水环境的改变情况和排水措施的有效性
	水质	
应力和形变	应力	通过支挡结构物、预应力锚索等承受的应力变化,评判坡体变形情况与支挡工程和锚索的有效性;通过光纤光栅等的应力变化,捕获坡面形变情况
	形变位移	通过支挡结构物的形变和应力锚索锚头的位移变化,评判支挡工程和锚索的有效性
环境因素	降水	通过降水量变化,判断稳定性的受影响程度
	地表水位	通过江、河、湖、水库水位的变化,判断稳定性的受影响程度
	震动和地声	通过震动(地震)、声音的监测,评判坡体的变化和可能的受影响程度
	温度	通过温度变化,判断冻融的影响程度

9.2.2 滑坡(边坡)常用的监测技术方法

监测技术是为研究岩土体及与岩土体相关的工程结构的稳定性和安全性,采用一定的技术手段安装或埋设仪器设备,对岩土体或工程结构物的稳定性状态及变化规律进行动态化测试的应用技术。它是以工程地质学、土力学、岩体力学、钢筋混凝土力学及土木工程设计理论和方法为理论基础,以仪器仪表、传感器技术、计算机与通信技术、大地测量技术、测试技术、信息科学等学科为技术支持,同时融合土木工程施工工艺和工程实践经验,以岩土体和工程结构的稳定性动态评估为主要目的的综合应用技术。为监测滑坡的时空域演变信息、诱发因素等,最大限度获取连续的空间变形数据,针对不同的监测内容,往往需要不同的监测技术和方法,为了能更好地监控滑坡或工程边坡的变形动态,通常需要将多种方法进行组合,以达到相应的监测目的。除一般地表调查和宏观观察外,还应综合应用声、光、电等多门类仪器进行监测。各种监测仪器设备相互配合,形成较完整的立体监测系统。滑坡(边坡)的主要监测方法见表 9-5。

表 9-5 滑坡(边坡)的主要监测方法

监测内容	主要监测方法	主要监测仪器	技术方法特点	适用性
地表变形监测	大地测量法	经纬仪、水准仪、测距仪	投入快、精度高、监控面广、直观、安全;便于确定滑坡位移方向及变形速率	适用不同变形阶段的位移监测,受地形通视和气候条件影响,不能连续观测
		全站仪、电子经纬仪、测量机器人、光电测距仪	精度高、速度快、自动化程度高、易操作、省人力,可跟踪自动连续观测,监测信息量大	适用不同变形阶段的位移监测,受地形通视条件的限制
	近景摄影测量法	陆摄经纬仪、无人机等	监测信息量大、省人力、投入快、安全,但精度相对较低	主要适用于变形速率较大的滑坡水平位移及危岩陡壁裂缝变化监测,受气候条件影响较大
	GNSS 法	GNSS 接收机	精度高、投入快、易操作,可全天候观测,不受地形通视条件限制,目前成本较高,发展前景可观	适用于滑坡体不同变形阶段地表三维位移监测
	InSAR 干涉雷达测量	SAR 卫星或地基雷达	精度较高、可全天候观测,受地形通视条件限制,目前成本较高,发展前景可观	适用于滑坡体不同变形阶段地表三维位移监测
	表面倾斜监测	表面倾角计	具有测量范围大、精度高、温度系数低、操作简单、测量效率高等优点	适用于高边坡、高挡墙等因开挖或沉降引起的旋转变形监测
	地表裂缝观测	卷尺、游标卡尺、裂缝量测仪、伸缩自记仪、测缝计、位移计等	人工、自记测缝法投入快、精度高、测程可调、简易直观、资料可靠;遥测法自动化程度高,自动采集、存储监测数据,可远距离、全天候观测,安全,快速	人工、自记测缝法适用于裂缝两侧岩土体张开、闭合、位错、升降变化的监测;遥测法适用于加速变形阶段及施工安全的监测
内部变形监测	内部倾斜监测	滑动式钻孔测斜仪、固定式钻孔测斜仪、SAA(阵列式位移计)、多点倒锤仪	精度高、效果好、易遥测、易保护,受外界因素干扰少,资料可靠,但测程有限、成本较高、投入慢	主要适用于滑坡体变形初期,在钻孔、竖井内测定滑体内不同深度的变形特征及滑带位置

续表 9-5

监测内容	主要监测方法	主要监测仪器		技术方法特点	适用性
内部变形监测	内部相对位移监测	钻孔多点位移计		轴向测量范围大,精度较高,易于实现自动化,易保护,投入慢、成本高,埋设方向不受限	由于仪器量程小,适用于变形速率较低的滑坡监测,安装部位的滑移面倾角应较大,还可用于沉降监测、硐室围岩变形监测
	测缝法(竖井)	井壁位移计、位错计等		精度较高、易保护、投入慢、成本高,仪器、传感器易受地下水浸湿、锈蚀	一般用于监测竖井内多层堆积物之间的相对位移。目前因仪器性能、量程所限,主要适用于滑坡初期变形阶段的监测,即小变形、低速率、观测时间相对短的监测
	重锤法	重锤、极坐标盘、坐标仪、水平位错计等		精度高,易保护,监测直观、可靠,电测方便,量测仪器便于携带,但易受潮湿、强酸、碱、锈蚀影响	适用于探硐内上部危岩相对下部稳定岩体的水平剪切位移监测
	测缝法(硐室)	单向、双向、三向测缝计,位移计,伸长仪等			适用于探硐内危岩裂缝的三维($X、Y、Z$ 三个方向)监测和危岩体界面裂缝沿硐轴方向位移的监测
	沉降观测	沉降仪、收敛仪、静力水准仪、水管倾斜仪、SAA(阵列式位移计)等		埋设在岩土体内部,可实现自动化	主要适用于填方部位及大型支挡结构基础深部的沉降监测
	支护结构监测	岩土体应力监测	压力计(盒)、岩石应力(变)计	安装埋设在支挡结构表面或内部,获得支挡结构表面及内部的变形、应力和应变特征,可实现自动化	主要用于滑坡治理效果的评价。可判断支护结构的运行状态,从某些方面判断施工质量。分析不同支护结构的有效性和作用机理,优化支护设计,完善和改进支护设计方法
		锚固力监测	锚索(杆)测力计		
		钢结构应力、应变监测	应力计、应变计		
		锚杆应力、应变监测	锚杆应力应变计		
		支护结构物变形监测	大地测量法、内部倾斜监测		
		微变形与应力	光纤光栅、分布式光栅		

续表 9-5

监测内容	主要监测方法	主要监测仪器	技术方法特点	适用性
环境因素	地下水位和江、河、湖、水库水位观测	水位自动记录仪、水位标尺	适用于滑坡不同的演化阶段，监测成果可用作基础资料，可综合分析判断滑坡的变形机理、演化模式，变形的主要影响因素，预测滑坡未来发展趋势	
	渗压观测	渗压计		
	渗流观测	量水堰		
	气象监测	雨量计、雨量报警器、温度计、蒸发仪		
	地应力测试	水压致裂法、Kaiser效应声发射监测仪		
	震动监测	地震监测仪		
	地音监测	声发射仪、地音探测仪	可连续观测，灵敏度高，省人力；测定的岩石微破裂声发射信号比位移信息超前3~7d	适用于岩质边坡后期变形阶段的监测、危岩加固跟踪安全的监测，为预报岩石的破坏提供依据
巡视监测	宏观地质调查法、简易人工监测及施工进度记录		用常规的地质路线调查方法对滑坡的宏观变形迹象和与其有关的各种异常现象进行定期观测、记录，以便随时掌握滑坡的变形动态及发展趋势	巡视工作是仪器监测工作的有效补充，从安全因素的角度考虑，巡视范围受滑坡地形地貌、变形剧烈程度的影响

9.3 滑坡(边坡)的监测模型

滑坡(边坡)的监测模型是针对滑坡或工程边坡的结构特征和力学特点布设相应的监测手段，以获取最能反映实际变形和发展趋势的数据信息。监测模型需建立在地质模型之上，以满足监测需要为目的。

除表 9-6 滑坡(边坡)中的监测模型要点外，应充分依靠监测技术手段的发展实施"空-天-地-深"一体化综合立体监测，发挥非接触监测和遥测的作用。针对特定地质安全问题，应在充分分析"物质-结构-力-形变"综合关系的基础上实施针对性的监测，以实现对形变信息的获取和变形动态的控制，达到防范和减缓风险的目的。

表 9-6 滑坡(边坡)地质模型的监测模型构成简表

滑坡(边坡)模型				监测模型要点
A	成因或诱因			确定监测对象和影响因素
A1	自然			监测对象:自然斜坡; 影响因素监测:降水、地下水、地表水、冻融、地震
A2	人工(工程)			监测对象:工程边坡、支护结构物; 影响因素监测:开挖、加载、震动、地震
B	物质组成			确定监测对象类型
B1	岩质	岩质		岩体
B2	土质	粗粒为主		碎屑
		细粒为主		土体
C	地质结构和力学特征			确定监测内容和仪器设备安装部位
C1	地质结构	与下伏岩层面关系	顺层滑坡	顺层(下伏基岩有一定角度)	岩体:通常在开挖坡脚或后部加载等作用下而沿岩层面产生滑移变形,以监测地表变形和前缘压力为主; 土体:通常在开挖坡脚或后部加载等作用下沿下伏基岩面产生滑移变形,降水和地下水位变化影响显著,主要监测地表变形、内部变形、降水和地下水; 碎屑:通常在开挖坡脚、坡脚冲刷或后部加载等作用下而沿下伏基岩面产生滑移变形,降水影响显著,主要监测地表变形、内部变形和降水
				近水平(下伏基岩倾角近水平)	岩体:往往存在下伏软弱夹层,受后部地下水聚集和重力加载等影响而产生滑移变形,重点关注后部形变和地下水位变化,主要监测地表变形和降水; 土体:受后部地下水聚集和重力加载等影响而沿下伏基岩面产生滑移变形,重点关注后部形变以及降水和基覆界面的水位变化,主要监测地表变形、内部变形、降水和地下水; 碎屑:受后部重力加载等影响而沿下伏基岩面产生滑移变形,重点关注降水影响及后部形变,主要监测地表变形、内部变形和降水
			切层滑坡	切层(倾向与主滑方向大角度相交)	岩体:通常在开挖坡脚或后部加载等作用下而沿节理裂隙面产生滑移变形,以监测地表变形为主; 土体:通常在开挖坡脚或后部加载等作用下在土体内部或基覆界面以上产生滑移变形,降水影响显著,主要监测地表变形、内部变形、降水和地下水或土壤含水率; 碎屑:受后部重力加载、坡脚开挖等影响而在土体内部或基覆界面以上产生滑移变形,主要监测地表变形、内部变形、降水和土壤含水率

续表 9-6

滑坡(边坡)模型				监测模型要点
C1 地质结构	与下伏岩层面关系	切层滑坡	逆向 (倾向与主滑方向相反)	岩体:通常在开挖坡脚或后部加载等作用下而沿节理裂隙面或风化界面产生滑移变形,以监测形变为主; 土体:通常在开挖坡脚或后部加载等作用下在土体内部或基覆界面以上产生滑移变形,降水影响显著,主要监测地表变形、内部变形、降水和土壤含水率; 碎屑:受后重力加载、坡脚开挖等影响而在土体内部或基覆界面以上产生滑移变形,主要监测地表变形、内部变形、降水和土壤含水率
	滑面形式	平面形		以"口""田"等网形为主,均匀布设
		圆弧形		以"十""丰""井"等网形为主,纵横剖面布设
		楔形		以"T""干"等网形为主,后缘和前端布设
C2 力学特征	滑动形式	牵引式		地表、内部变形以前期前部变形为主,逐渐向后部发展甚至引发变形失稳,以纵剖面变形为控制性监测; 地表水是库岸涉水斜坡的影响因素之一,所涉水位的变化引起前部地下水位变化,关注地表水监测
		推移式		地表、内部变形以前期后部变形为主,逐渐向前部发展甚至引发变形失稳,以纵剖面变形为控制性监测; 地下水是影响因素之一,地下水在后部聚集升高产生静水压力和推力,关注地下水监测; 产生的推力等应力往前部聚集,当前部有支挡结构物时,应力往往反映在其上,前部关注应力监测
	破坏形式	旋转滑动		在前述监测要点基础上,实施"十"字剖面控制
		平移滑动		在前述监测要点基础上,实施纵剖面变形控制
		侧向扩展		在前述监测要点基础上,注重横剖面对侧向变形的控制
		流动		以整体面上综合监测为主
		复合式		综合不同形式进行综合监测

9.4 滑坡(边坡)监测中的注意事项

在实际工程实践中,滑坡(边坡)的结构复杂、影响因素多变,监测仪器设备工作环境温湿度变化大,为了保障监测仪器选型布设的科学性和监测质量的可靠性,在实际工作中需注意以下几个方面。

(1)建立地质模型时,需充分考虑动力的来源和发展变化,以及在发展过程中与地质结构的耦合变化,有工程结构物时需要分析工程结构物与地质体的互馈作用。

(2)建立监测模型时,需要抓住重点的影响因素和关键的变形部位。尽可能在投资允许的情况下做到重点突出、全面布控;当投资有缺口时,要科学分析监测方案能否满足监测目的,论证是否需要追加投资。

(3)监测仪器设备的选型和布设既要充分依据地质模型,又要与监测目的和实际监测工程投入相适应,切不可盲目地贪多图全增加投资费用和故意地减少项目压缩预算。

(4)滑坡(边坡)的变形是动态的,随着变形的发展,原有监测方案可能存在无法满足现状变形的情况,需要根据变形发展及时调整监测模型和增补监测仪器设备。

10 崩塌监测

10.1 崩塌的分类与地质模型

10.1.1 崩塌的基本特征

危岩(overhanging rock)、崩塌(collapse)、落石(rockfall)、山崩(avalanche)是同一个问题的不同侧面。危岩是指位于陡崖或陡坡上被结构面切割且在重力、地震、裂隙水压力等诱发因素作用下稳定性较差的岩石块体或岩块集合体,崩塌是指危岩破坏崩落后的运动学和动力学行为,落石是指危岩破坏崩落后的堆积体态,而山崩则是指崩塌源危岩聚集体连锁破坏的动力学过程。

在工程地质学界,崩塌是对危岩、一般崩塌、落石和山崩的统称。在地貌学界,崩塌属于重力地貌;在工程界,崩塌属于不良地质现象;在地质工程及岩土工程界,崩塌属于地质灾害类型。

危岩崩塌有3个基本特征。

(1)崩塌源存在部位有隐蔽性。岩石边坡发生崩塌落石是一个高频地质事件,但是要精准识别崩塌源则是一件具有较大难度的科学问题和技术难题。崩塌源都位于高陡岩石边坡,且边坡自然卸荷作用弱化了岩体的稳定性、岩体裂隙系统的规律性,边坡表层常覆盖植被,且崩塌区平面面积往往较小,靠肉眼及卫星遥感技术常难以识别和评判崩塌源危岩的发育状况。近年来发展起来的三维激光扫描、无人机倾斜和贴近摄影测量、机载 LiDAR 等新技术对崩塌的调查评价具有较好的效果,InSAR 对于大面积正在变形的崩塌源区也具有较好的识别能力。

(2)崩塌灾害有突发性,且易在凌晨爆发。高陡边坡表层危岩破坏形成落石或山崩,都属于岩石或岩桥脆性断裂破坏问题,突发性特征典型。对 1949 年以来国内外非地震期间发生的 90 次代表性崩塌灾害统计发现,约 70% 崩塌灾害事件爆发在夜间并集中在凌晨,死亡人数夜间占 84%。对我国近 700 年历史期间发生的 20 次大地震爆发时间统计也发现,约 65% 发生在夜间。

(3)大型、特大型崩塌灾害爆发与降雨无明显关联性。强降雨诱发地质灾害已是学术界共识,包括崩塌灾害。可是对 1949 年以来国内外非地震期间发生的 90 次代表性崩塌灾害统计发现,仅 56% 发生在雨季,并且有明确文字记载灾害爆发时有降雨的事件仅占 20%。这说明大型、特大型崩塌灾害爆发与降雨无明显关联性,但是中小规模的崩塌灾害是强降雨作用引发的认识应该是客观的。

10.1.2 崩塌的结构形态

根据监测需要,从陡崖(坡)断面形状、主控结构面、主控结构面与坡面交切关系以及岩性组合4个方面,将西南山区崩塌的结构形态进行分类(表10-1),但在具体实际工程应用中应根据实际情况综合运用。

表 10-1 崩塌的结构形态

序号	分类依据	特征类型
1	陡崖(坡)断面形状	直立、外凸、内凹、倒梯形
2	主控结构面	外倾,倾角小于20°
		外倾,倾角20°~45°
		外倾,倾角大于45°
		内倾,即倾向山体
3	主控结构面与坡面交切关系	平行
		斜交
		垂直
4	岩性组合	硬质岩
		软质岩
		软硬相间

10.1.3 崩塌的破坏类型

《地质灾害防治工程设计规范》(DB50/5029—2004)和《地质灾害防治工程设计标准》(DBJ50/T-029—2019)根据危岩失稳模式,将危岩分成滑塌式危岩、倾倒式危岩和坠落式危岩3类,如图10-1所示。大量的工程实践表明,危岩失稳模式应该从危岩失稳的力学机理出发进行分类,该分类几何形态明显、力学机理清晰,分类系统简明,易于掌握,已经在全国范围内的危岩崩塌治理监测工程中得到成功应用。

10.1.4 崩塌的地质模型

地质模型采用"A1/A2(成因)+B1(断面形态)+B2(主控结构面)+B3(主控结构面与坡面交切关系)+B4(岩性组合)+E1/E2/E3(破坏类型)"的模式进行构建,如直立-外倾-斜交-硬质岩-倾倒式崩塌。崩塌地质模型的构建可参照表10-2。对于工程边坡,除了考虑地质体本身结构和破坏类型以外,还要考虑构建的支挡结构物对地质条件的改变。

此外,还可依据实际工作需求,从不同的角度对崩塌进行分析和地质模型构建,如崩塌体的规模、高度、厚度等。

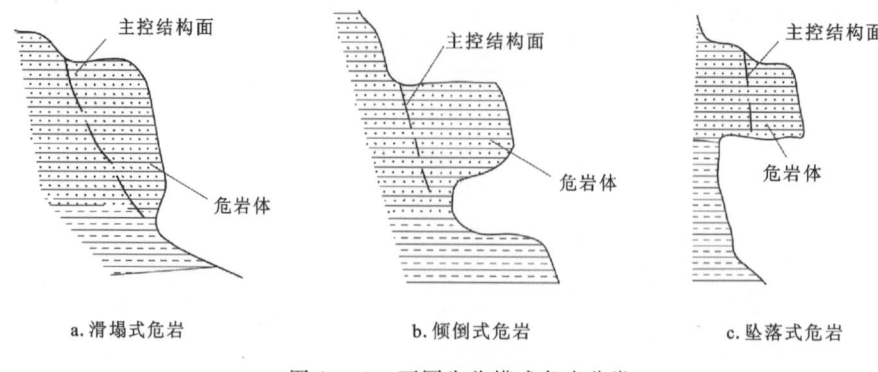

a. 滑塌式危岩　　　　b. 倾倒式危岩　　　　c. 坠落式危岩

图 10-1　不同失稳模式危岩分类

表 10-2　崩塌地质模型构成简表

一级	一级分类	二级	二级分类方案	
A	成因或诱因	A1	自然因素	
		A2	工程活动	
B	结构形态	B1	断面形态	直立
				外凸
				内凹
				倒梯形
		B22	主控结构面	外倾,倾角小于20°
				外倾,倾角20°~45°
				外倾,倾角大于45°
				内倾,即倾向山体
		B3	主控结构面与坡面交切关系	平行
				斜交
				垂直
		B4	岩性组合	硬质岩
				软质岩
				软硬相间
C	破坏类型	C1	滑塌式	
		C2	倾倒式	
		C3	坠落式	
		C4	复合式	

10.2 崩塌的常用监测技术方法

10.2.1 监测内容

10.2.1.1 监测内容选择原则

(1)监测范围包括崩塌源危岩地表裂缝及被裂缝切割形成的各块体,地下软弱岩层或结构面、采空区、崩塌底座及崩塌堆积体斜坡。

(2)监测内容应根据崩塌类型、监测等级,分监测阶段选择。

(3)治理工程前、后的监测内容应以地表绝对位移、裂缝相对位移等变形监测为主;治理工程中的监测宜结合治理工程措施,增加岩(土)体应力、防治工程受力等应力监测及降水量等影响因素监测。

10.2.1.2 不同破坏类型崩塌的监测内容选择

倾倒式崩塌的监测内容见表 10-3。

表 10-3 倾倒式崩塌监测内容

监测内容		监测等级		
		一级	二级	三级
变形监测	地表绝对位移	●	●	○
	裂缝相对位移	●	●	●
	倾角监测	●	○	●
	建(构)筑物变形	○	○	○
应力监测	岩土体应力	●	○	
	防治工程受力	○(若有)	○(若有)	
物理场监测	震动/次声	○		
影响因素监测	降水量	○	○	
	地下水位	●	○	

注:●表示宜选;○表示可选。

滑塌式崩塌的监测内容见表 10-4。

表 10-4 滑塌式崩塌监测内容

监测内容		监测等级		
		一级	二级	三级
变形监测	地表绝对位移	●	●	○
	深部位移	●	○	○
	裂缝相对位移	●	●	●
	建(构)筑物变形	○	○	○
应力监测	岩土体应力	○		
	防治工程受力	○(若有)	○(若有)	
物理场监测	震动/次声	○		
影响因素监测	降水量	●	○	
	地下水位	●	○	

注：●表示宜选；○表示可选。

坠落式崩塌的监测内容见表 10-5。

表 10-5 坠落式崩塌监测内容

监测内容		监测等级		
		一级	二级	三级
变形监测	地表位移	●	●	○
	裂缝相对位移	●	●	●
	地面倾斜	●	○	
	建(构)筑物变形	○	○	○
应力监测	防治工程受力	○(若有)	○(若有)	
物理场监测	震动/次声	○		
影响因素监测	降水量	○	○	
	地下水位	○		

注：●表示宜选；○表示可选。

10.2.1.3 其他需要重点注意的事项

以下针对西南山区主要的一些崩塌类型，根据其地质模型中的崩塌地质结构与动力成因划分，提出崩塌监测系统的重点监测内容。

(1)对于黏性土崩塌，崩塌监测侧重点是裂缝与含水率监测，位移监测应侧重于地表位移监测。

(2)对于岩质崩塌,崩塌监测的侧重点是裂缝和应力监测,位移监测应侧重于地表位移监测。

(3)对于降雨诱发型崩塌,崩塌监测的侧重点是降雨量、泉水流量、地下水位监测。地下水位监测主要针对裂缝充水水位监测。

(4)对于地震诱发型崩塌,监测的侧重点为位移、震动速度与加速度的监测。

(5)对于工程活动诱发型崩塌(包括爆破震动、地下开挖、切坡、堆载诱发等),除布置必要的位移、降水和地下水等监测工程外,还应对工程活动情况进行监测。例如爆破震动诱发型崩塌监测的侧重点是地表位移和深部位移,若挖掘时涉及放炮,则应进行必要的震动速度和震动加速度监测;地下开挖诱发型崩塌,应根据其下方采空区情况进行空区顶板压力监测及变形监测;切坡诱发型崩塌,应监测其开挖情况,坡脚被切割的宽度、高度、倾角等形态及其变化情况;堆载诱发型崩塌,应监测其堆载情况,坡顶堆载的宽度、高度、倾角等形态及其变化情况。

(6)对正在实施工程治理的致灾体,可根据工程治理需求,增加应力监测、影响因素监测内容。

10.2.2 监测技术方法

崩塌监测内容、主要监测方法及监测仪器设备见表 10-6。

表 10-6 崩塌监测内容、主要监测方法及监测仪器设备

监测内容		监测方法	各监测等级宜使用的监测仪器设备		
			一级	二级	三级
变形监测	地表位移	全站仪法	扫描型全站仪、全站仪	全站仪	全站仪
		卫星定位法	单频/双频/三频接收机	单频接收机	单频接收机
	深部位移	钻孔测斜法	移动式/固定式钻孔倾斜仪	移动式钻孔倾斜仪	移动式钻孔倾斜仪
	裂缝相对位移	位移计法	位移计	位移计、伸缩/收敛计	伸缩/收敛计
		简易观测法	游标卡尺、盒尺	盒尺	盒尺、皮尺
	地面倾斜	地面测斜法	地面倾斜仪	地面倾斜仪	地面倾斜仪
应力监测	岩土应力	应力计法	应力计、压力盒	压力盒	—
	防治工程受力	压力计法、锚索(杆)测力法	压力盒、锚索(杆)测力计	压力盒、锚索(杆)测力计	—

续表 10-6

监测内容		监测方法	各监测等级宜使用的监测仪器设备		
			一级	二级	三级
物理场监测	震动/次声	微震监测	微震监测仪		
影响因素监测	降水量	雨量计法	自动雨量计	雨量计	—
	地下水位	水位计法	自动水位计、孔隙水压力计、渗压计	水位计	—
	宏观现象及人类工程活动	调查记录	无人机、罗盘、皮尺、放大镜等		

10.2.3 监测布置

10.2.3.1 监测剖面布置[18]

(1)倾倒式崩塌监测剖面一般应沿崩塌倾倒方向布置;滑塌式崩塌监测剖面一般应沿崩塌滑移方向布置;拉裂-坠落式崩塌监测剖面应垂直于拉裂缝布置。

(2)一级监测宜在致灾体中轴及两侧布置监测剖面;二级监测宜在致灾体中轴布置监测剖面;三级监测可不布置监测剖面。不同级别监测的监测剖面数量宜按表10-7的要求选择。

(3)监测剖面后端应延伸至致灾体后缘的稳定岩土体,前端应延伸至崩塌堆积体斜坡以下。

(4)监测剖面应尽可能与勘查剖面、稳定性计算剖面重合。

(5)对正在实施工程治理的致灾体,可根据工程治理需求,增加监测剖面。

表 10-7 监测网点布置要求

监测等级	一级	二级
监测剖面数量	不少于3条	不少于1条
控制性剖面上地表绝对位移监测点数量	不少于3个	不少于2个
控制性剖面上应力监测点数量	不少于1个	
控制性剖面上深部位移监测点数量	不少于1个	
控制性剖面上地下水位监测点数量	不少于1个	
控制性裂缝相对位移监测点数量	不少于3个	不少于1个

10.2.3.2 监测点布置

(1)监测点应布置在能够反映致灾体变化趋势的关键及代表性部位,并应尽可能布置在监测剖面上。一般距剖面应不超过5m,施测条件限制时可单独布点。

(2)绝对位移监测点宜布置在被裂缝切割的重要块体表面、临空面顶部和崩塌堆积体斜坡。每条剖面的监测点数量可根据致灾体变形特征具体确定,一般不宜少于3个;绝对位移基准点应布置在致灾体外围稳定岩土体上,数量不应少于3个。

(3)裂缝相对位移监测点应布置在控制性裂缝中部及两端,且尽可能位于监测剖面上,每条裂缝最少应有1个三向位移监测点(包括垂直裂缝方向、平行裂缝方向和重力方向)。

(4)深部位移监测点应充分利用钻孔、平硐、竖井等勘探工程,布置在崩塌滑移面(带)、下伏软弱岩层、软弱夹层、采空区等部位,且尽可能与地表绝对位移监测点对应。

(5)地面倾斜监测点应布置在倾倒式崩塌的临空面顶部等倾斜角变化最大部位。

(6)岩土体应力监测点应充分利用平硐等勘探工程,布置在崩塌底座与崩塌接触面,下伏软弱岩层、软弱夹层、采空区等应力相对集中或变化较大部位。

(7)地下水位监测点宜布置在致灾体中、后部,且尽可能与深部位移监测点对应。

(8)防治工程受力监测点应结合预应力锚索(杆)等防治工程措施布置,数量应不少于防治工程(锚索、锚杆等)总量的5%,监测点应能控制整个防治区,形成纵、横监测剖面。

(9)建(构)筑物变形监测应布置在变形量、变形速率较大的裂缝等部位。

(10)一级、二级监测点数量宜按表10-7的要求选取,变形明显加大时可在相应部位增加监测点。

10.3 崩塌的监测模型

崩塌的监测模型是针对崩塌的结构形态和破坏方式去布设相应的监测手段,以获取最能反映实际变形和发展趋势的数据信息。监测模型需建立在地质模型之上,以满足监测需要为目的。崩塌地质模型的监测模型要点构成见表10-8。

表10-8 崩塌地质模型的监测模型要点构成表

崩塌地质模型		监测模型要点
A	成因或诱因	确定监测对象和影响因素
A1	自然因素	监测对象:自然斜坡; 影响因素监测:降水、地下水、地表水、冻融、地震
A2	工程活动	监测对象:工程边坡、支护结构物; 影响因素监测:开挖、加载、震动、地震

续表 10-8

	崩塌地质模型		监测模型要点
B	结构形态		确定监测内容和仪器设备安装部位
B1	断面形态	直立	直立的岩体一般受结构面控制,应重点关注岩体顶部的拉裂缝形变及裂隙水填充情况。顺倾或者直立岩体下伏软弱岩层条件下往往发生滑塌式破坏;竖直或反倾条件下一般发生倾倒式破坏,此种情况还应关注危岩体的倾角变化
		外凸	外凸的岩体一般受顺倾结构面和下伏软弱岩层控制,往往发生滑塌破坏,应重点关注顶部压剪裂缝和底部软弱岩层受压破坏时的微震及压力变化
		内凹	软硬相间岩体因差异风化形成内凹的空腔或倒梯形陡崖断面,因而往往形成拉裂倾倒、坠落或压剪滑塌,此种情况应重点关注顶部拉张裂缝或底部软弱岩层受压破坏时的微震及压力变化
		倒梯形	
B2	主控结构面	外倾,倾角小于10°	此类往往受下伏软弱岩层控制,应重点关注软弱岩层的变化
		外倾,倾角10°～45°	此类往往受结构面控制,此种情况应多关注当前沿结构面产生的形变
		外倾,倾角大于45°	此类往往受下伏软弱岩层控制,应重点关注软弱岩层的变化
		内倾,即倾向山体	此类往往受结构面控制,此种情况应多关注当前沿结构面产生的形变
B3	主控结构面与坡面交切关系	平行	此类往往受下伏软弱岩层控制,应重点关注软弱岩层的变化
		斜交	此类往往受结构面控制,此种情况应多关注目前沿结构面产生的形变
		垂直	此类往往受下伏软弱岩层控制,应重点关注软弱岩层的变化
B4	岩性组合	硬质岩	此类往往受结构面控制,此种情况应多关注目前沿结构面产生的形变
		软硬相间	此类往往受结构面和下伏软弱岩层的双重控制,故应重点关注沿结构面产生的形变、裂隙水填充情况,还应关注软弱岩层的应力、微震变化
		土质	重点关注已有形变及降水或地下水引起的含水率变化
C	破坏类型		确定监测内容和仪器设备安装部位
C1	滑塌式		关注顶部压剪裂隙的变化、底部压裂产生的微震及应力变化
C2	倾倒式		关注顶部裂隙的扩展、岩体的倾角、裂隙水的填充情况和底部压裂产生的微震及应力变化
C3	坠落式		主要监测危岩块体的形变、拉裂产生的微震以及重力释放产生向下的压力变化
C4	复合式		综合不同形式进行整体监测

11 泥石流监测

11.1 泥石流的分类

按照泥石流的成因、地貌条件、物质组成、固体物质提供方式、流体性质、激发因素、动力学特征、发育阶段等不同指标和综合指标,目前主要有以下几种分类。

1. 按照泥石流成因分类

(1) 自然泥石流:这类泥石流是由综合的自然条件造成的。
(2) 人为泥石流:这类泥石流主要是由人类活动引起的。

2. 按照泥石流发生的地貌条件分类

(1) 沟谷型泥石流:这类泥石流发生、运动和堆积过程在一条发育较为完整的沟谷内进行,沟长坡缓,规模大,流域呈扇形或狭长条形,一般能划分出泥石流的形成区、流通区和堆积区[1],其固体物质来源主要来自于沟谷中的松散堆积物以及其两侧支沟(图 11-1)。

(2) 山坡型泥石流:这类泥石流发生、运动过程沿山坡或在山坡冲沟中进行,堆积在坡脚或冲沟出口与主河交汇处,其一般在未形成明显沟谷而且陡峻的山坡上发育(图 11-2)。因为山坡上具有能够汇聚水流的凹形坡面,且具有一定厚度的松散土石。山坡型泥石流规模一般较小。

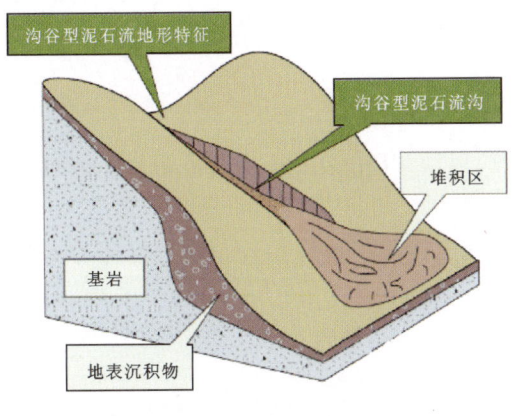

图 11-1 沟谷型泥石流示意图

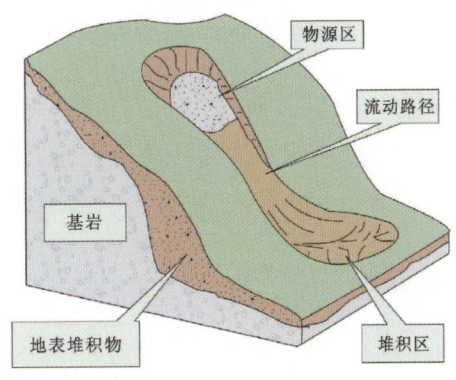

图 11-2 山坡型泥石流示意图

3. 按照泥石流物质组成分类

(1)泥石流:泥石流中土体颗粒大小分布范围广,由黏土、粉土、砂、砾、卵石直到漂砾等各种粒径的颗粒组成。

(2)泥流:泥石流中土体主要由黏土、粉土和砂组成,缺少或很少有砾和卵石颗粒。

(3)水石流:泥石流中土体主要由大量的砂、砾和卵石组成,缺少或很少有黏土和粉土颗粒。

4. 按照泥石流固体物质提供方式分类

(1)滑坡泥石流:固体物质主要由滑坡提供。

(2)崩塌泥石流:固体物质主要由崩塌提供。

(3)沟床侵蚀泥石流:固体物质主要由沟床堆积物侵蚀提供。

(4)坡面侵蚀泥石流:固体物质主要由坡面或冲沟侵蚀提供

5. 按照泥石流流体性质分类

(1)黏性泥石流(或称结构型泥石流):土体中黏土含量一般大于3%,泥石流体黏度大于0.3Pa·s,变异系数大于50%,泥石流体密度大于1.8g/cm³(泥流密度大于1.5g/cm³);呈整体层流运动,有阵流现象;流体中常保留有原状土块;堆积物无分选。

(2)稀性泥石流(或称紊流型泥石流):土体中黏土含量一般小于3%,泥石流体黏度小于0.3Pa·s,变异系数小于50%,泥石流体密度小于1.8g/cm³(泥流密度为1.2~1.5g/cm³);呈紊流运动,无明显阵流;堆积物有明显分选,其土体颗粒较发生泥石流的原始土体发生粗化。

6. 按照泥石流激发、触发和诱发因素分类

(1)激发类泥石流:由绵雨、中雨到大雨、暴雨、冰雪融水、冰雪雨水、冰湖或水库溃决等激发造成。

(2)触发类泥石流:由强烈地震、火山、大爆破、崩塌、滑坡等触发造成,地震烈度一般需在7度以上。

(3)诱发类泥石流:由森林破坏、采矿弃渣、地下水涌流等诱发。

7. 按照泥石流动力学特征分类

(1)土力类泥石流:这类泥石流沿较陡的坡面运动,其中的土体运动不需要水体提供动力,而是靠其自重沿坡面的剪切分力引起和维持运动。

(2)水力类泥石流:沿较缓的坡面运动,其中的土体是靠水体部分提供的推移力引起并维持运动。

8. 按照泥石流发育阶段分类

(1)发展期泥石流:流域一般属幼年期地形,山体破碎,坡面不稳定且日益发展,泥石流规模逐渐增大,淤积速度递增。

(2)旺盛期泥石流:流域一般属壮年期地形,坡、沟很不稳定,泥石流发生频繁,规模变化不大,淤积速度大致稳定。

(3)衰退期泥石流:流域一般属老年期地形,坡、沟很不稳定,泥石流规模逐渐减小,以河床侵蚀为主。

(4)停歇期泥石流:流域内沟、坡稳定,植被已恢复,沟槽固定,沟床以水流冲刷为主,已多年未发生泥石流。

11.2 泥石流的常用监测方法

11.2.1 监测内容

泥石流监测内容应包括降水量、泥(水)位等关键特征和主要崩滑物源变形活动、主河道或沟道堵塞、岸坡坍塌等情况。在实际监测中,可依据需要对泥石流源区土体孔隙水压力、含水率,沟道震动波、次声波等特征参数进行监测。具体内容见表 11-1。

表 11-1 泥石流监测内容

监测内容		监测等级		
		一级	二级	三级
形成条件	物源	●	●	○
	含水率	●	○	
	孔隙水压力	●	○	
	降水量(气象)	●	●	●
流体运动	泥(水)位	●	●	○
	视频监测	●		
物理场监测	震动/次声波	●	○	

注:●表示宜选;○表示可选。

(1)物源监测:泥石流形成区物源稳定性变化及参与泥石流活动情况。
(2)含水率监测:泥石流源区松散土体在前期降水过程以及失稳过程中的含水率变化。
(3)孔隙水压力监测:泥石流源区松散土体在失稳过程中的孔隙水压力变化。
(4)降水量(气象)监测:泥石流激发降水量(10min 及 1h 的降水量)。
(5)泥(水)位监测:泥石流在沟道流动过程中的泥(水)位变化。
(6)视频监测:对沟道中泥石流的运动过程进行影像监测。
(7)震动监测:由泥石流流体运动产生的附近地面及浅地表岩土体的震动。
(8)次声监测:泥石流在形成和运动过程中产生的次声波。

11.2.2 监测技术方法

泥石流的监测方法见表11-2[24]。

表11-2 泥石流监测方法[24]

泥石流类型	监测方法
山坡型及流域面积小于1km²的小流域型泥石流	降雨监测法、流量监测法、土体孔隙水压力监测法、土体含水率监测法、视频监测法等
沟谷型泥石流	降雨监测法、流量监测法、流速监测法、泥(水)位监测、土体孔隙水压力监测法、土体含水率监测法、次声监测法、振动监测法、视频监测法等

1. 泥位监测

泥位监测可使用非接触式测距仪器、接触式测距仪器或水尺法。

(1)非接触式测距仪器监测：监测数据应包括不同时刻的泥位，并能在线实时传输。事先测得仪器所在位置与沟床之间的垂直距离，泥石流发生时测量仪器所在位置与泥石流表面之间的垂直距离，根据二者高度差计算泥石流的泥位。测量频率不应低于4Hz(每秒4次)，测量精度控制在5%以内。

(2)接触式测距仪器监测：包括钢索检知器和触网式泥石流报警器，根据泥石流撞击布置于监测断面的钢索或触网的高度判断泥石流的泥位。测量精度应小于实际泥位的1/4。

(3)水尺法监测：在监测断面处设置标尺，直接用仪器或通过目测确定泥位高度，监测方法可按《水道观测规范》(SL257—2000)的规定执行。

2. 流速监测

流速监测可使用非接触式流速仪，上、下断面时间差法或浮标法。

(1)非接触式流速仪测速：应选用适宜于测量泥石流流速的仪器，仪器应进行标定，测量误差不应超过8%。

(2)上、下断面时间差法测速：将钢索检知器、触网式报警器或非接触式泥位计等设备安装于泥石流沟道已知距离的上、下断面处，根据监测到的泥石流信息时间差计算泥石流的流速。上、下两个监测断面之间的距离不宜小于50m。计算公式为

$$V = L/t \tag{11-1}$$

式中：V 为泥石流流速(m/s)；L 为上、下游监测断面的距离(m)；t 为泥石流从上断面流动到下断面的历时(s)。

(3)浮标法测速：在沟道中较为顺直、冲淤基本平衡、沟床较为稳定的沟段设置两个以上监测断面，当泥石流流经监测沟段时，在最上游的断面投放浮标并分别记录浮标到达各监测断面的时间。根据上、下断面的距离和浮标通过的历时，利用式(11-1)计算泥石流流速。

3. 实时监测

采用视频对泥石流进行实时监测时,应选用红外摄像机等具有夜视功能、分辨率不低于480P的摄像设备。可通过拍摄水尺监测泥位,拍摄泥石流到达沟道上、下断面的时间差计算流速,也可通过图像解析获得泥石流泥位、流速。

11.3 泥石流的监测网布设

1. 监测点网布设

在泥石流形成区、流通区和堆积区都应布设一定数量的监测点网。泥石流固体物质来源于滑坡、崩塌的,其变形破坏监测点网的布设按滑坡、崩塌监测点网的布设规定执行。固体物质来源于松散物质的,其稳定性监测点网的布设应在侵蚀程度分区的基础上进行。松散物质稳定性监测点布设密度按表11-3确定。

表11-3 松散物质稳定性监测点布设数量表

侵蚀程度	严重侵蚀区	中等侵蚀区	轻微侵蚀区
测点密度	20~30 个/km²	15~20 个/km²	可少布或不布测点

注:测点重点布设在严重侵蚀区内,并根据侵蚀强度的发展趋势和变化来调整。

2. 动态要素、动力要素监测断面布设

泥石流动态要素、动力要素监测,应在选定的若干个断面上进行,观测断面至少设置2条。观测断面布设数量和距离视沟道地形、地质条件等确定,一般在流通区纵断面、横断面形态变化处和地质条件变化处,应尽可能布设在两岸稳定、顺直的泥石流流通河床段。

3. 雨量监测站布设

(1)对降雨型泥石流应开展降雨监测,主要观测与泥石流形成和活动相关的降雨量及降雨过程。

(2)监测点应覆盖全流域,根据流域大小,在流域内的控制点网中设置1~3个自记式雨量观测点,布设密度见表11-4。

(3)主要布置在流域中上游的清水汇流区和泥石流形成区及其暴雨带内,特别是形成区内滑坡、崩塌和松散物质储量最大范围内及沟的上方。

(4)在不具备条件的情况下,宜考虑流通区和危险区。

(5)应遵循《降水量观测规范》(SL21—2015)进行布设及建设。

表 11-4　泥石流监测站布设密度

流域面积/km²	<1	1~10	10~20	>20
监测站数量/个	1	2	2~3	按每平方千米布设1个雨量站计算

4.泥位、流速监测站布设

(1)监测站的间距以流域面积大小、流域水系分布形态、泥石流流速及下游预警时间而定,一般布设1~3个为宜,最好布设在危险区上游1.5km以上的(保证下游危险区有5min以上的撤离时间)流通区。

(2)宜选择流域水道顺直、通透性较好、沟床稳定的流通区沟段,便于河流断面的测量和泥位的监测。在布设监测设施前,可对监测断面进行断面修整、沟床固化等工程处理。

(3)安装地点选择安全(选择历史最高泥石流洪水位或20年一遇洪水位以上)的基岩、堤、拦沙坝、桥梁等为宜,同时需考虑太阳能供电和监测数据传输通信条件保障。

5.土体孔隙水压力和含水率监测站布设

(1)可布设在泥石流形成区内强降雨下较易启动的物源区坡体上20cm土体内,应选择粗大,颗粒较少、细颗粒较多的物源区斜坡体。

(2)防止崩塌、飞石等对设备造成破坏。

6.震动监测站布设

震动监测站宜布设在流域中、下游泥石流危险区中较为安全、便于安装维护和预警的区域。

7.次声监测站布设

次声监测仪应放置在泥石流流域中、下游较为安全,便于安装维护和预警的区域,以距泥石流通过地点200~1000m为宜,声音接收装置朝向上游方向。为避免或减少次声信号反射或折射的影响,布设点位与流通区、形成区之间无遮挡。

12 地面塌陷监测

12.1 地面塌陷的分类及地质特征

12.1.1 地面塌陷类型

根据其发育地质条件和作用因素的不同,地面塌陷可分为岩溶塌陷和非岩溶塌陷。

根据岩溶塌陷发生的地质条件,岩溶塌陷又分为基岩塌陷和土层塌陷。基岩塌陷是溶洞失稳、垮塌的结果,这类塌陷大多数是自然作用下产生的,但也有人为活动特别是爆破活动导致的。此外,基岩塌陷有很强的后续效应,通常会产生地震、地裂、地表喷水冒砂等现象,甚至会引发大面积地面塌陷。这是因为溶洞垮塌时会产生水锤效应,使岩溶管道(地下河)水压力急剧上升,并向上覆土层挤压消散。土层塌陷是岩溶管道裂隙系统水气压力变化,使上覆第四系土层发生破坏并向下伏岩溶空腔运动的结果。目前,我国发育的岩溶塌陷绝大部分都是土层塌陷(图12-1)。当第四系覆盖层存在黏性土时,由于具有较好的顶板形成条件,往往会先形成土洞,地面塌陷是土洞进一步发展的结果。

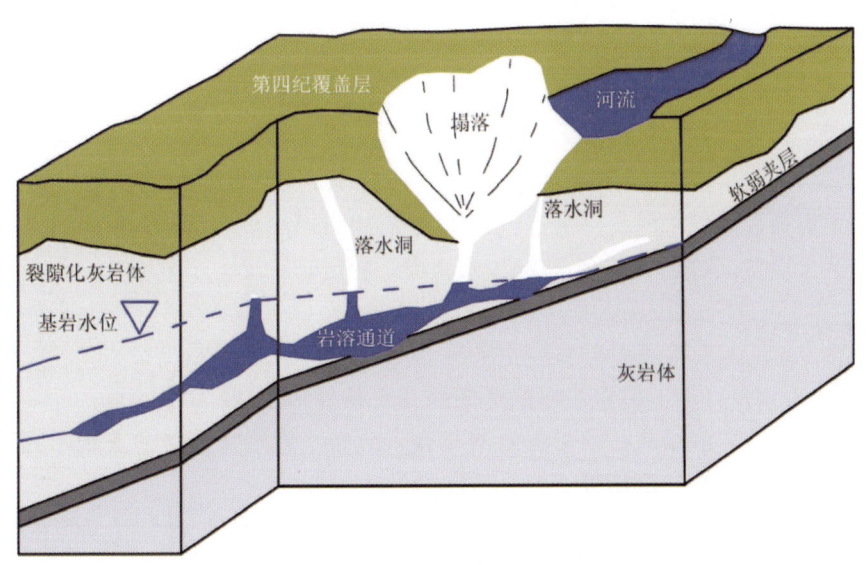

图12-1 土层岩溶塌陷地质结构示意图

非岩溶性塌陷是指由于非岩溶洞穴产生的塌陷,如采空塌陷、黄土地区黄土陷穴引起的塌陷、玄武岩地区通道顶板垮塌产生的塌陷等,后两者塌陷分布较局限。采空塌陷是指煤矿及金属矿山的地下采空区顶板垮塌引发的塌陷(图 12-2)。采空塌陷在我国分布较广泛,据不完全统计,在全国 21 个省(自治区、直辖市)内,共发生采空塌陷 182 处以上,塌坑超过 1592 个,塌陷面积大于 1150 km^2,年经济损失达 3.17 亿元。本质上,采空塌陷是指由于地下挖掘形成空间,造成上部岩土层在自重作用下失稳而引起的地面塌陷现象。简单地说,采空塌陷就是地面下沉。

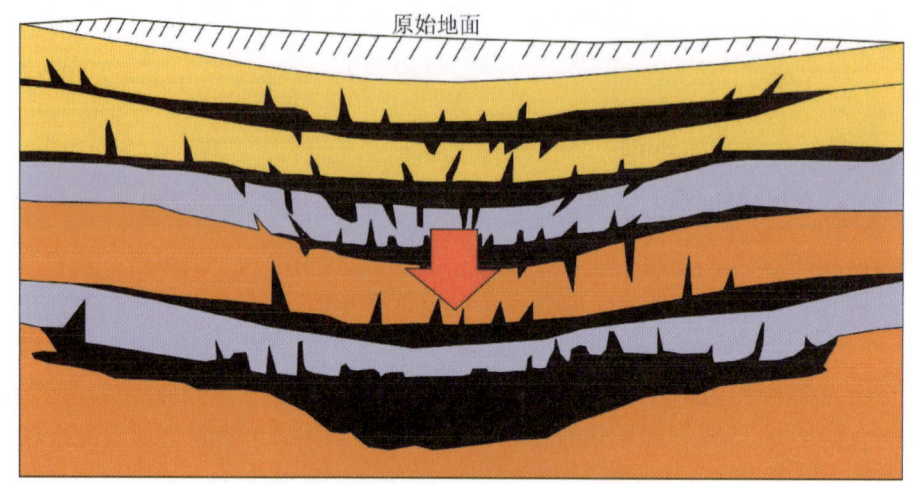

图 12-2 采空塌陷地质结构示意图

12.1.2 地面塌陷地质特征

12.1.2.1 岩溶塌陷地质特征

一般来说,土层岩溶塌陷的影响因素包括"岩-土-水"三大方面,人类工程活动诱发土层岩溶塌陷,主要通过地下水的扰动进行。因此,土层岩溶塌陷地质特征包括基岩的岩溶发育特征、第四系土层特征、地下水动力特征以及人类工程活动特征 4 个方面。

1. 岩溶发育特征

下伏基岩岩溶发育是土层岩溶塌陷形成的必要条件,岩溶越发育的地方越有利于岩溶塌陷的形成。因此,岩溶塌陷往往沿着岩溶发育带分布。岩溶发育带的表现形式通常是溶洞、地下水强径流带、溶沟、溶槽等。

2. 第四系土层特征

上覆土层特征主要受地形地貌的影响,对土层岩溶塌陷的产生有着重要的影响。一般来说,岩溶塌陷的上覆土层多具有二元结构和多元结构,主要由黏土层、砂卵石层交互组成,土层厚度一般较厚,多分布在峰林平原、岩溶洼地区域。

3. 地下水动力特征

根据岩溶水位与基岩面的关系,可以将岩溶水的动力条件分为3种类型:岩溶水位一直保持在基岩面以下、岩溶水位一直保持在基岩面以上和岩溶水位在基岩面上、下波动。岩溶水位在基岩面上、下波动最容易诱发土层岩溶塌陷,其次是承压波动、无压波动。土体的破坏主要与岩溶水位下降速度、幅度及土体性质有关。

(1)岩溶水位的波动或溶洞中岩溶水的流动,都会在岩溶空腔中产生负压或正压,负压或正压的大小与岩溶水位波动或流动速度、下降幅度以及第四系底部土层性质有关。负压的出现会加剧第四系孔隙水的渗流作用,使空腔开口附近土体中地下水的渗透坡降急剧增大,当渗透坡降大于土体临界坡降时,土体发生破坏,形成土洞。

(2)对于由黏土层、砂卵石层交互组成的多元结构土层往往存在第四系孔隙水含水层,与下伏的岩溶含水层一起构成双层地下水位。双层水位的存在对塌陷的产生有重要影响,这主要是因为土层孔隙水对岩溶水的补给作用会因岩溶水位的变化而加剧,从而使相对隔水层中水力坡度增大,并发生破坏。两个含水层的水力联系越强,越有利于塌陷的发育。

(3)地表水的存在有利于塌陷的产生,特别是当地表水体附近的下伏基岩岩溶较发育、岩溶水位长期保持在基岩面以下时,地表水以及大气降水的长期入渗,可以形成地面塌陷。

(4)降水等造成的地表水位的抬升,特别是快速抬升,会大大加速岩溶水的流动,并由此而产生一系列压力效应(正压、负压、压力快速变化),诱发塌陷。

4. 人类工程活动特征

人类活动已成为影响、诱发或触发岩溶塌陷的重要因素,其作用形式有两种:一是改变地下水动力条件,二是改变已有土洞的受力条件,如抽汲岩溶水、矿山和隧道疏水突水、基坑降水使地下水排泄增强,地表水库蓄水、灌溉、输水管渠渗水、路基等地面挖方积水使地下水补给增强,地面工程加荷增强土洞上覆力,爆破造成岩溶地下水压力急剧升降等。

综合以上土层岩溶塌陷地质特征,土层岩溶塌陷地质演变经典模式见图12-3。

12.1.2.2 采空塌陷地质特征

采空塌陷是由于地下空洞在地表下方形成,导致地表发生塌陷的现象。其影响因素涉及多个方面,包括地下岩层性质、地下水位、地表覆盖物、地下采矿活动等,地质特征主要如下。

1. 地下岩层性质

地下岩层的稳定性和强度对采空塌陷的影响非常重要。若地下岩层比较稳定,对空洞形成后的支撑作用较好,可降低塌陷的风险;反之,若岩层不稳定或者易于崩塌,采空塌陷的可能性则会增加。

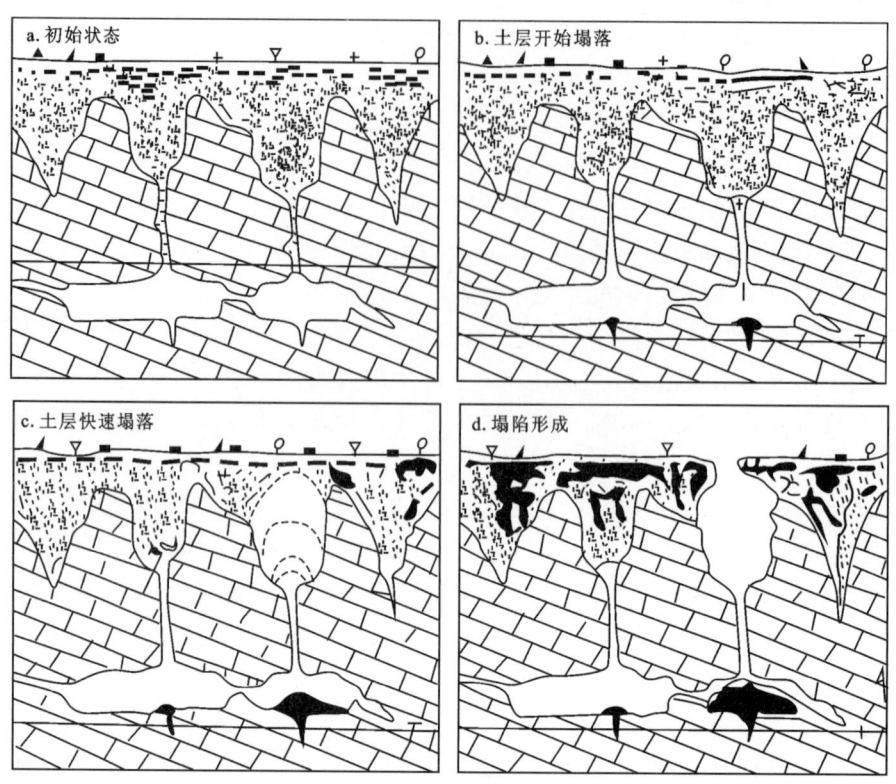

图12-3　土层岩溶塌陷地质演变过程示意图[25]

2. 地下水位

地下水位对采空塌陷具有重要影响。地下水可以填充空洞，一方面增加地下水压力，加剧地下岩层的失稳；另一方面也可能导致地表沉降或者地下水位下降，加速采空塌陷的发生。

3. 地表覆盖物

地表覆盖物（如土壤、岩石、建筑物等）的性质和厚度对采空塌陷的影响也很大。较薄的覆盖层可能使地表塌陷更容易发生，而较厚的覆盖层可能会减缓地表塌陷的速度。

4. 采矿活动

开采方式是造成采空塌陷的动力因素。不同的开采方式会对地下空洞的形成和分布产生不同的影响，进而影响采空塌陷的规模和范围；而矿石产量、挖掘深度则直接影响地下空洞的规模和形成程度，产量越大，挖掘深度越深，地下空洞通常越大，从而导致可能发生的采空塌陷规模越大。

综合以上采空塌陷特征可知，采空塌陷的形成是由于深埋在地下的矿体被采出后，在地下形成一个空洞，原有的支撑平衡状态受到破坏，采空区上部岩层在自身重力和压力作用下,产生向下的弯曲和移动,塌陷逐渐扩张至地表,最后形成一个比采空区大得多的塌陷盆地,从而危及地表的房屋、道路、农田、工厂等。采空塌陷地质演变经典模式见图12-4。

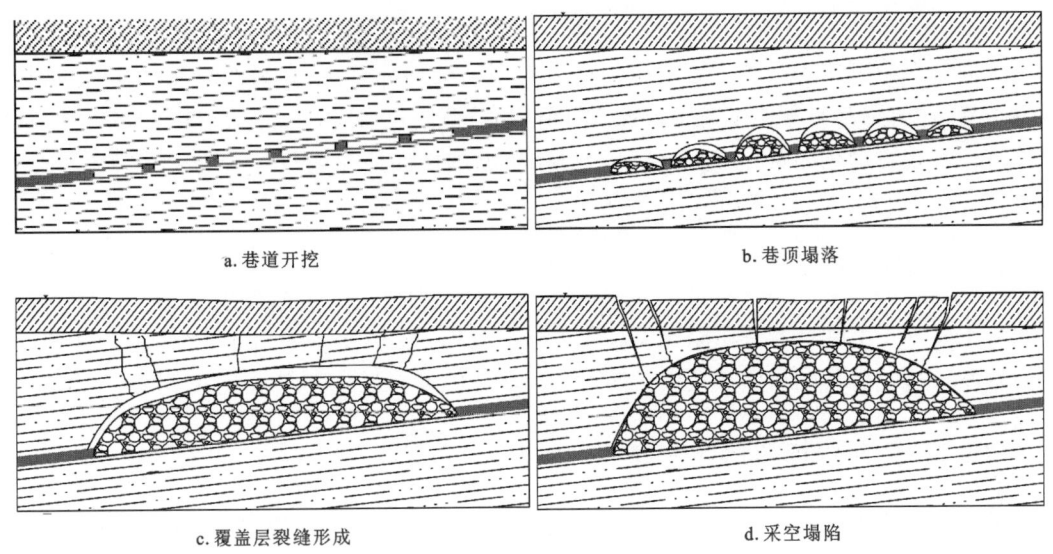

图12-4 采空塌陷地质演变过程示意图[26]

12.2 地面塌陷的监测要点

12.2.1 岩溶塌陷监测要点

土层岩溶塌陷监测要点包括动力条件监测、土体内部变形监测、地面变形监测以及人工巡查[25,27]。

1. 动力条件监测

地下水渗流作用是岩溶塌陷形成演化的主要动力。因此,通过对岩溶地下水气压力、第四系地下水位、大气降水进行监测,可以实时掌握塌陷动力条件的变化,实现对塌陷动力条件监测的目的。目前,相关监测仪器设备成熟,自动化程度高。

2. 土体内部变形监测

由于岩溶塌陷是从岩溶沟槽中的土洞开始形成并向上不断发展的,故通过分布式监测方法可以进行土体内部变形监测,进而及时发现土洞的空间发展位置。但是,岩溶塌陷一般具有隐蔽性特点,要实现对土洞位置的准确定位、监测难度很大,主要原因有:①土洞规模一般较小,测线间距要足够小,不然容易遗漏;②监测场地要求高,但因TDR、BOTDR监测要求把同轴电缆、光纤铺设到一定深度,一般场地难以实施,一般只适合道路路基工程,而且需要在路基填筑时铺设。相对而言,地质雷达监测实施要方便些。

3.地面变形监测

地面变形监测主要是基于岩溶塌陷在形成塌陷坑的同时,会有局部地面沉陷、地裂缝、建筑裂缝、建筑物倾斜等伴生灾害出现。目前,相关监测仪器设备成熟,但除建筑裂缝、倾斜可以方便实现自动化测量外,地面沉陷、地裂缝、塌陷坑的演化测量基本上还是以人工测量为主。

4.人工巡查

人工巡查主要针对岩溶塌陷发生过程中的宏观现象(房屋开裂、底板掏空、水井浑浊等)进行监测,适合群测群防,优点是操作简单、成本低、能及时发现灾害隐患。

12.2.2 采空塌陷监测要点

采空塌陷监测要点包括地表变形监测、深部覆岩变形监测、地表(下)水监测,以及巡视监测及其他监测等[26,28-29]。

1.地表变形监测

地表变形监测包括水平位移、垂直位移和地表裂缝监测,可采用多种方法进行监测,但各方法所获取的监测数据应互相校核验证,综合比对分析。

当采空塌陷区监测工程等级为一级时,应进行采空塌陷深部覆岩变形监测,出现以下情况时也应采取措施监测,具体为:①新建矿区(山)首采工作面及生产矿井重复开采区;②地质条件复杂、多层开采条件下的工程建设场地;③存在建(构)筑物地基变形敏感、渗漏与渗透破坏等特殊问题的场地。

2.深部覆岩变形监测

深部覆岩变形监测主要为垂直位移监测,工程有特殊要求时可监测倾斜位移。在深部覆岩变形监测钻孔施工过程中,必须做好瓦斯气体突出、采场涌水等问题的安全防护措施,监测所采用的仪器及设备要满足防爆、防水、防尘、防火等矿山安全生产技术要求,确保监测工程实施及矿山生产安全。

3.地下(表)水监测

采空塌陷地下(表)水监测包括开采前、中、后一段时间内的地下(表)水的变化。采空塌陷可根据实际情况对降水量、水位、地下水压、地下水流量(矿坑涌水量)、水温、水质等项目进行监测。采空塌陷地下水位监测除了测量静水位埋藏深度和高程外,还应测量动态水位高程。

12.3 地面塌陷的监测

12.3.1 岩溶塌陷监测

12.3.1.1 监测布设

1.岩溶地下水气压力监测布设

岩溶管道裂隙系统中的水气压力变化是造成上覆土体破坏的主要原因,是岩溶地面塌陷动力条件的综合反映。岩溶地下水气压力监测首先采用钻探揭露岩溶管道裂隙系统,形成地下水监测孔;然后再安装孔隙水压力传感器,孔口应采用密封技术,真实、充分地反映岩溶地下水系统中水气压力的变化。监测布设区范围应覆盖场地所处的整个岩溶水文地质单元或岩溶水系统,监测区可分为重点监测区和一般监测区。

(1)重点监测区应包括:①岩溶发育强烈的地区,包括地下水强径流带、构造带和纯碳酸盐岩分布带等;②受已有岩溶地面塌陷影响的地区;③重要工程场址分布区。

(2)一般监测区包括:除重点监测区外的地区。

根据诱发岩溶塌陷的工程点、岩溶地下水径流方向布设监测点,形成垂直于地下水流向、能控制工程影响范围的监测网。当存在第四系孔隙水含水层时,监测点应包括岩溶含水层监测孔和第四系孔隙水含水层监测孔。不同监测等级岩溶地下水监测点间距可参照表12-1确定。此外,应采用RTK、全站仪等测量监测点的坐标和标高。

表 12-1 不同监测等级地下岩溶水动力监测点间距[24]

监测等级	一级		二级		三级	
分区	重点监测区	一般监测区	重点监测区	一般监测区	重点监测区	一般监测区
监测点间距/m	50~100	200~400	100~200	200~400	200~400	400~500

2.降水量监测布设

采用自计式雨量计进行降水量监测,一个监测场地应布置1个降水量监测点。降水量监测点应设在能较好地反映监测区降水特点的地方,监测点附近应地势平坦空旷,可选择房屋屋顶或野外高杆进行安装。

3.地面变形监测布设

由于岩溶塌陷灾害是由基岩土洞向上发展的结果,因此地面变形监测难以达到提前预警的目的。但是在已形成的地面沉陷区及可能影响的房屋密集区,地面变形监测结果可确定岩溶塌陷坑的影响范围及发展趋势。地面变形监测应主要针对已发育塌陷坑、地裂缝、沉降带的地区。地面变形监测包括地表垂直位移和塌陷地裂缝、建筑裂缝或倾斜的监测。地面变形监测区范围是在现有塌陷坑、地裂缝、沉降带外扩100~200m。地面变形监测建议采用水准测量等方法,布设方式如下。

(1)水准测量监测网布置:采用点、线、面相结合方式,组成控制整个塌陷区的监测网。以塌陷带长轴或主要地质构造线方向为中轴,垂向布设3条以上监测剖面。测线应沿有利于施测的公路、大路、乡村小路布设,不要跨越500m以上的河流、湖泊、水体等障碍物。测点应保证埋设标志能反映所在位置的地面变形信息,而且便于保护、维护。

(2)建筑裂缝监测点布置:应选择主要的、有代表性的、已对建筑物安全构成威胁的建筑裂缝进行监测。每条裂缝布置一个测点,安装裂缝计进行自动监测。必要时,可安装裂缝报警器。

4.土体内部变形监测布设

土体内部变形监测方法包括地质雷达监测法、分布式光电传感监测[同轴电缆时域反射监测法(TDR)、光纤应变监测法(BOTDR)]。地质雷达监测深度要求达到5m,测线应布置在地形应相对平缓、地面无障碍物、易于地质雷达天线移动的地区。要求监测时,没有金属构件或无线电发射频源等较强的电磁波干扰;监测线应平行布置,根据探测隐伏土洞的规模,测线间距0.5~3m。分布式光电传感监测目的是监测隐伏土洞的发育过程,因此光纤(或光缆)、同轴电缆测线宜布置在建线性工程及重要构筑物的基础下5m,在隐伏土洞还未影响到基础之前能够提前预警。

5.地下水浑浊度监测布设

监测点布置应选择水井、排水口、泉口、地下河出口作为地下水浑浊度监测点。

6.人工巡查

人工巡查主要是观测塌陷发生前后异常现象的变化。人工巡查工作应纳入群测群防体系,由基层巡查员承担。人工巡查发现重大异常现象时,应及时上报,以开展专业监测。

12.3.1.2 监测精度或频率要求

(1)岩溶地下水气压力监测时间间隔应不大于20min;当岩溶水气压力的日变化大于2m时,应缩短监测时间间隔。

(2)降水量监测测量精度不宜低于0.2mm。

(3)地面变形监测若采用人工监测时,岩溶地面塌陷发生后的第1~10天,监测频率每天不少于1次;第11~20天,每3天测量1次;第21~30天,每7天测量1次;其他时间段,每个月测量1次。

(4)土体内部变形监测采用地质雷达时,在岩溶塌陷高易发区每2个月应进行1次以上测量,平时每年不少于2次,当采用其他方法监测数据出现异常变化时应及时增加测量频率。

12 地面塌陷监测

(5)地下水浑浊度监测时,监测设备测量范围泥沙含量为20～500g/L;泥测量精度为5mg/L,砂测量精度为0.5g/L;水压范围为200m;采样频率为2Hz;监测采样频率应与动力监测一致,即小于20min/次。

(6)人工巡查时,在汛期以及附近工程强烈抽水或排水期间,每天不少于1次,其余时段每个月不少于1次。

12.3.2 采空塌陷监测

12.3.2.1 监测布设

1. 地表变形监测布设

应采用地表变形监测网对地表变形区进行布设,地表变形监测网一般应包括基准点、工作基点及监测点3个部分,监测网的精度应符合《工程测量规范》(GB 50026—2007)等要求。监测基准点应布设在不受采空塌陷及其他自然灾害、地质灾害、人类工程活动影响的稳定区域内。

平面控制网可采用测角网、测边网、边角混合网、导线网或GNSS北斗导航系统网。测量方法可采用测角、电磁波测距、GNSS测量等。各种布网的相邻边长相差不宜超过1/3,交会角建议在30°～150°之间。

高程控制网应布设成闭合环、结点网等。高程控制测量观测方法可采用几何水准测量、液体静力水准测量和电磁波测距三角高程测量等方法。

对于监测线的布设,新建矿区(山)首采工作面,宜沿工作面走向主断面布设1条,倾向主断面布设1～2条。对于壁式开采所形成的采空塌陷,应结合地面工程平面布局及单体建(构)筑物变形监测的要求,在平行移动盆地走向主断面上布设1条,在倾向主断面上布设1～2条。对于房柱式、巷柱式、短壁式等不规则开采所形成的采空塌陷,宜结合地面工程平面布局及单体建(构)筑物变形监测要求按网格状布设。对受采空塌陷影响的线性工程,宜平行轴线方向布设。对有特殊要求的工程,应进行专题研究。

对于监测点的布设,在充分考虑采空塌陷目前稳定状态、未来变化趋势和工程建设技术要求的基础上,根据矿层地质条件、开采深度、开采方式及塌陷特征进行布设。例如新建矿区(山)首采工作面地表变形监测点应均匀布设,采空塌陷移动盆地周边的监测点应加密布设,盆地中间区域监测点间距可适当增大。在地貌单元分界、褶皱、断层、岩层露头、土岩界线等地形地质条件变化及变形敏感的建(构)筑物部位,应加密布设监测点。

另外,对新建矿区(山)首采工作面上方采动影响区内的地表贯通性裂缝及对建(构)筑物产生影响的主要裂缝应进行监测。监测内容主要包括分布范围、发育规模、主(次)裂缝长度、走(倾)向、宽度、深度、张开与闭合等随时间变化的情况。

裂缝监测点宜布置在裂缝较宽、变形速率较大及靠近威胁对象等处,监测点点数不少于3组,成对布置在裂缝两侧,使用两个对应标志统一编号。根据地表裂缝发育特征及危害程度,可采用简易监测、专业监测方法。简易监测一般采用贴纸条、钢尺、皮尺等简单易行的工具,专业监测一般采用精密钢尺、游标卡尺、百分表、钢尺收敛计、位移传感器、全站仪等专业仪器设备。地表裂缝监测周期与地表变形监测周期保持一致,可根据裂缝变化速率进行调整。地表裂缝平面位置应准确测量,并绘制在含有井下采掘资料的地形图上。根据地下采矿活动及采空塌陷变形特征,应及时对地表裂缝监测数据进行整理,将地表裂缝监测数据与地表变形监测等成果进行综合分析。

2. 深部覆岩变形监测布设

进行采空塌陷深部覆岩变形监测时,监测断面一般按矿层走向或倾向布设,不少于2条,每条监测断面上布设2~3个监测钻孔。当采空塌陷区地面修建重要性等级高的建(构)筑物工程或地基基础变形敏感时,深部覆岩变形监测钻孔应靠近建(构)筑物布设。监测钻孔可采取地下成孔或井下成孔方式,对于进行采空塌陷治理的项目,可利用采空塌陷勘察注浆施工或工后质量检测的钻孔。

监测孔内的深部覆岩变形监测仪器应安装在基岩顶、覆岩中的"关键层"、导水裂缝带顶部等重点部位。每个钻孔内监测点不少于4个。在岩层内部变形监测钻孔孔口0.5m范围内,设置1~2个地表变形监测点,地表垂直位移监测值可为孔内深部覆岩监测点高程计算提供计算基数。

3. 地下(表)水监测

针对每座矿山的水位、水压、流量、水温的监测点不少于3组,可根据矿山开采的盘区、采区、工作面及危害对象的实际情况,增加监测点数量。当采煤沉陷治理(充填注浆)对地下水构成影响时,可利用注浆孔进行水位、水质监测,监测孔数量根据项目实际情况设置,一般不少于3个。

12.3.2.2 监测精度或频率要求

新建矿区(山)首采工作面地表变形监测基准点与工作基点联测后,应对监测点进行2次全面监测。活跃期内,监测次数不少于4次/月。当半年内累计下沉值小于30mm时,可停止监测。除新建矿区(山)首采工作面之外的采空塌陷监测,监测期宜从勘察阶段开始至地面工程竣工验收后1~3天,或经监测资料分析确认采空塌陷处于稳定状态且对地面工程无影响时可终止监测。采空塌陷勘察期,壁式开采的监测频率按表12-2确定,其他开采方式的监测频率宜适当增加。采空塌陷治理及地面建(构)筑物建设施工期,监测频率建议为每两周监测1次。采空塌陷地面建(构)筑物竣工后,监测频率建议为每月监测1次;当半年内地表变形累计下沉量小于10mm时,可每半年监测1次。

表12-2 监测频率取值[24]

开采深度/m	≤50	50~100	100~200	≥200
观测频率/d·次$^{-1}$	10~20	20~30	30~60	60

深部覆岩变形监测周期及频次与地表变形或上方采空塌陷建(构)筑物监测周期保持一致。若采取自动化数据采集,可根据监测项目需要设置数据采集间隔时间。

大气降水量可选用雨量器、虹吸式雨量计、翻斗式雨量计等仪器进行监测。降水量观测站宜布设在采空塌陷区周边较空旷平坦区域,避开强风区,尽量避开树木、建筑物以及烟尘的影响。水位(压)监测可采取人工监测或自动化监测。人工监测可采用钢卷尺、测绳、导线等测量工具,每次应测两次,间隔时间不小于1min;当两次测量数值之差超过2cm时,应重新进行测量。自动监测可采用压力式水位监测、超声波水位监测等方法。流量可采用人工监测或自动化监测,人工监测可采用水表法、水泵出水量统计法等方法。自动监测可采用水表、超声波流量计、电磁流量计等仪器进行监测。水温监测可采取人工监测或自动化监测。人工水温监测时,应连续测量2次,当两次测量数据之差大于0.4℃时,应重新测量。各地下水、地表水监测项目的监测精度应满足表12-3中的要求。

表12-3 地下水(地表水)监测精度[24]

监测项目	降水量	水位	水质	水量	水温	水压
监测精度	0.2mm	2cm	—	0.01m	0.1℃	2kPa
监测频次	3次/月	1次/月	4次/年	3次/月	次/3月	视情况而定

注:①对于多年平均降水量大于800mm地区,以及降水量在400~800mm之间但汛期雨大且占全年降水量60%以上的地区,降水量监测精度可记至0.5mm;②监测频次可根据监测工程实际情况增减,采空区治理施工期应酌情增加监测频次。

13 地裂缝监测

13.1 地裂缝的地质结构与分类

13.1.1 地质结构

地裂缝在平面上呈线性延伸,在地表呈断断续续的直线状、曲线状,延伸方向一般不受地表地形地貌控制。剖面上倾角高陡,60°至近直立均有,向下延伸深度有的很浅,有的却深不见底。由于雨水冲刷和土的自重效应,地裂缝常被显著加宽,在剖面上呈楔形或"V"形[30]。在构造活动较强的地区,地裂缝的延伸方向与当地活动断裂的走向保持高度一致,裂缝带向下延伸常能汇聚到某条断层上,而构造活动不强烈处的地裂缝则难见这一现象。

13.1.2 地裂缝分类

地裂缝的活动形式在空间上普遍表现出垂直错动为主、水平拉张为辅、伴随少量扭动的特征[31]。地裂缝的形成既受地质地貌背景和构造背景控制,又受抽水活动诱发。部分地裂缝还与隐伏断层存在密切的空间联系。除去断裂发震因素,可以说"断层蠕滑"和"抽水活动"即为主导地裂缝形成的最基本、最重要的两种动力条件。

(1)断层蠕滑型地裂缝:由于基底断裂的长期蠕动,使岩体或土层逐渐开裂,并显露于地表而形成的地裂缝。

(2)抽水成因地裂缝:地下水超采后,土中地下水位急剧降低,一部分土的有效应力随之明显增加,当增加到超过前期固结应力时欠固结土即发生固结压缩,产生局部或整体沉降。对于均质土,厚度大的沉降量大,厚度薄的沉降量小,因此在含水介质厚度突变处(如基岩不连续处、基岩凸起处、沉降盆地边缘)容易发生差异沉降形成地裂缝。

13.1.3 动力成因

1. 断层蠕滑成因地裂缝动力成因

按照蠕滑断层与地裂缝或地裂缝带的共生关系,将地裂缝的形成动力阶段细分为垂向生长、反倾 y 型生长、同倾 y 型生长和阶梯型生长 4 种基本模式(图 13-1)[30]。

(1)垂向生长模式:在区域拉张应力的作用下,断层的上盘向下运动带动上盘土体下落,断层上断点位置随之形成剪破裂。在断层蠕滑过程中,剪破裂向地表方向持续垂向生长,最后贯通整个土层形成地裂缝。

(2)反倾 y 型生长模式:这一模式有 3 个阶段,一是在区域拉张应力的作用下,断层上盘下落并发生旋转,沿剪破裂面位置受拉形成较大的张开域,基岩中与主断裂共轭相交的另一组剪裂面在自重作用下发展成为次级断裂(反向正断层),以对张开域进行填补,这就在剖面上形成了前期的反倾 y 型断裂;二是构造运动平稳后,断层上部沉积覆盖了一定厚度的土层;三是在区域拉张应力作用下主次断裂再次活跃,使地表发生相应错动形成主次地裂缝。

(3)同倾 y 型生长模式:与反倾 y 型生长模式类似,区别在于断层上盘在下落过程中形成的是较小的张开域,剪破裂面上部的土体能对张开域进行填补而不形成反向正断层。

(4)阶梯型生长模式:基岩中前期存在地垒式断层,在新的区域拉张应力的作用下,主次断裂发生活动形成剪破裂面,破裂面向上"生长",在地表形成地裂缝。由于新的区域拉张应力方向与前期应力方向存在偏转角度,使形成的主次裂缝在平面呈雁列式排布。

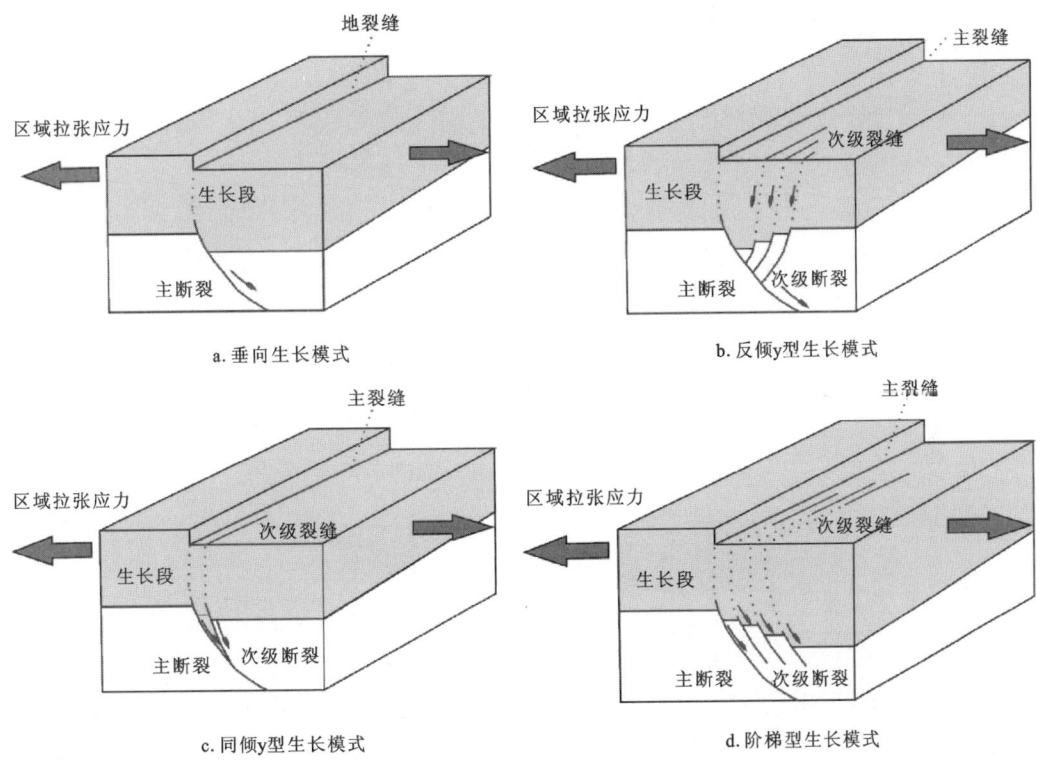

图 13-1 断层蠕滑成因地裂缝形成模式图

2.抽水成因地裂缝动力成因

根据"差异沉降模式",地裂缝的形成主要是因为含水层的厚度不均匀抽水后含水层释水并发生固结压缩,压缩层底部由于上覆土体的厚度变化受到不等的竖向固结应力,土体微元因此产生旋转,对整个上覆土体而言则发生向下弯曲"这在下伏基岩凸起处表现为两侧外伸受弯,在基岩不连续处和沉降盆地边缘处表现为悬臂单侧受弯。根据材料力学,梁弯曲时按弯曲中轴线在上下分为受拉、受压两部分,土层向下弯曲后地表处先开启破裂,破裂向下扩展导致了地裂缝的形成(图 13-2)。

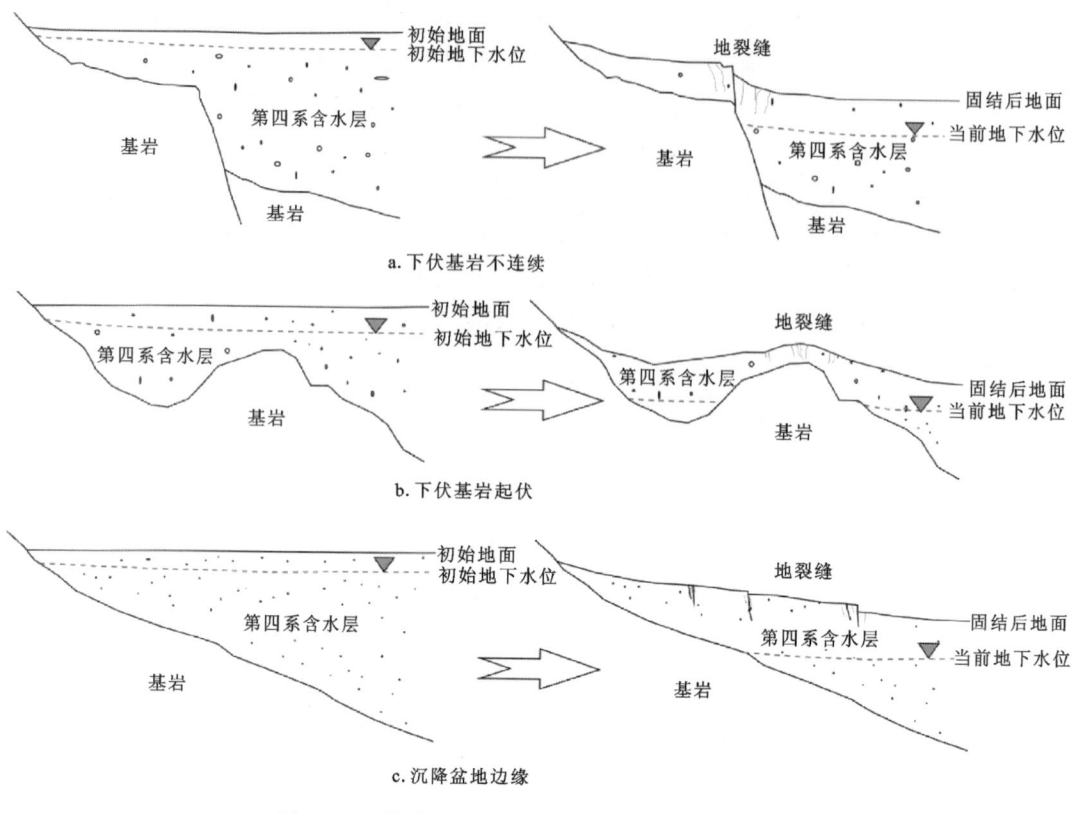

图 13-2 抽水差异沉降模式地裂缝形成示意图[32]

13.1.4 发育阶段

1. 断层蠕滑型地裂缝

在实际中,断层蠕滑成因地裂缝的向上"生长"过程要比概化模型中表述得复杂得多。通过模型实验和数值模拟发现,在正断层上断点扩展至近地表后,由于围压减小,裂缝的扩展轨迹容易受上盘的下降运动牵引发生明显偏转[33]。在差异沉降运动的影响下,覆盖层中断层下盘的地表处还会因拉应力集中而产生尖端朝下的次级拉裂缝。裂缝的具体形成过程分为 3 个阶段,即初始破裂阶段、裂缝发展阶段和裂缝扩展至地表阶段。

(1)初始破裂阶段:在构造运动作用下,基岩断层的两盘发生倾滑并向上覆土体传递剪切作用力,断层上断点处应力重分布形成剪应力集中,在剪切作用力的持续作用下,该处土体最先屈服(图 13-3a),经历应变硬化后起裂形成顶端朝上的初始剪裂缝(主裂缝)。

(2)裂缝发展阶段:在断层蠕滑过程中,沿初始破裂面(固定剪切面)持续发生剪切破坏,剪裂缝顶端也不断向上扩展。受断层倾角、断层运动、土体物理力学性质、土的结构构造以及土的剪胀因素的影响,剪裂缝的扩展方向并不是直接朝上的。在围压条件小于一定值后,剪裂缝的扩展方向容易受上盘的下降运动牵引而发生明显偏转(图13-3b),扩展轨迹开始明显指向上盘(倾向下盘)。与此同时,在断层上盘的相对下降过程中,由于下盘土体的近边缘处拉应力集中,地表还会形成向下发育的次级拉裂缝。

(3)裂缝扩展至地表阶段:次级拉裂缝与主裂缝相向扩展,但次级拉裂缝的扩展深度受上盘(下降盘)变形量限制往往较浅。主裂缝扩展至近地表处时受次级拉裂缝影响出现分叉,有的还会形成一系列走向平行的裂缝破碎带,破碎带内土体拉张、剪切和挤压变形严重(图13-3c)。

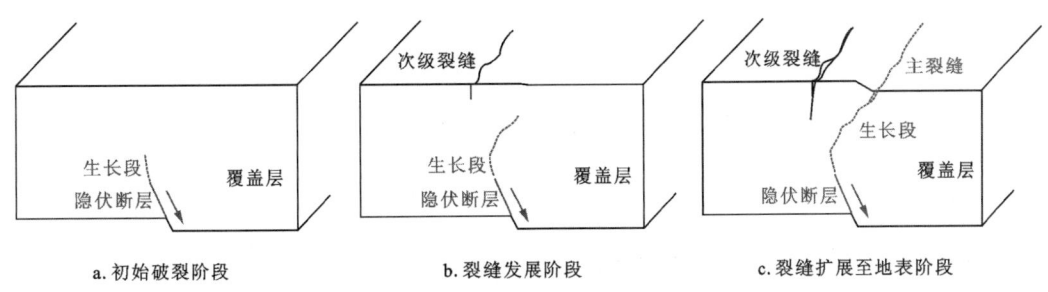

图13-3 断层蠕滑型地裂缝不同发育阶段形成机制图

2.抽水成因地裂缝

根据13.1.3节中"抽水成因地裂缝动力成因"模式分析梳理,此类型地裂缝形成可以细分为3个阶段,即地表破裂阶段、裂缝高速扩展阶段和裂缝低速扩展阶段[34]。

(1)地表破裂阶段:抽水后地下水位下降,导致土中的有效应力增加,欠固结土继续压缩并带动初始地下水位以上的包气带土体整体下沉。在含水层厚度性质发生突变的地带,土体受到不均等的竖向固结应力作用而发生竖向下弯。根据弯曲机制,弯曲中轴线以上的土体轴向受拉,且距离中轴线越远处拉应力越大,因此抽水后在地表薄弱处最先开始破裂(图13-4a)。

(2)裂缝高速扩展阶段:随着地下水位持续下降,压缩沉降层中的土体不均一性扩大,地层受弯作用更为明显。初始裂缝的底部尖端在持续的拉应力作用下沿土中细小结构面高速向下扩展,在纵剖面上逐渐形成上宽下窄的深"V"形裂缝,其理论扩展深度为最后的弯曲中轴线位置。在裂缝向下扩展的同时,裂缝两侧的土体由于沉降不均产生垂直位错(图13-4b)。

(3)裂缝低速扩展阶段:一方面,抽水一段时间后地下水补排关系达到动态平衡,地下水位下降速率不断减慢并趋于稳定;另一方面,随着土的固结度增加,含水系统的不均一性和各向异性所发挥的作用也在趋于减弱,这使弯曲作用不再明显增强,并有减弱的趋势。而在裂缝向下扩展的过程中,底部尖端由于向中轴线靠近受到的拉应力逐渐减小,因此当地裂缝发育到一定深度后扩展速率会明显减慢并逐渐趋于零。最终在土体内形成上大下小的深"V"形裂缝。但土的压缩沉降是长期过程,在此阶段仍会缓慢发展(图13-4c)。

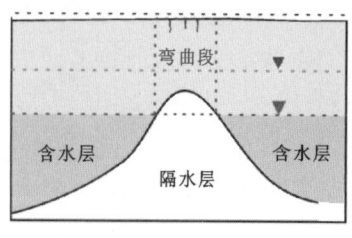
a. 地表破裂阶段
----初始地面

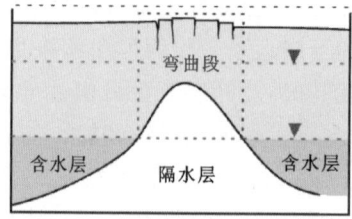
b. 裂缝高速扩展阶段
▽ 初始地下水位

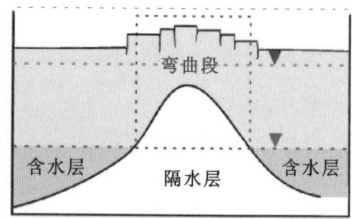
c. 裂缝低速扩展阶段
▽ 抽水后地下水位

图 13-4　抽水差异沉降机制地裂缝形成示意图

13.2　地裂缝的监测要点

13.2.1　地裂缝监测模型构建

地裂缝发育具有集群性,且其长度绵延数千米甚至几十千米。对某一地裂缝发育区域进行监测时,需要在一定范围内构建一个合理高效的监测网进行区域性监测。所以,需要一个能够在区域范围上对地裂缝监测网络进行设计的平台[13]。

13.2.2　监测数据特点与数据处理

对地裂缝进行监测时,会产生海量的监测数据。因此,需要专门的数据处理软件,实现监测数据分析和智能化处理,并且借助当前主流数据处理软件对数据进行快速准确处理[13]。

13.2.3　监测成果显示与地裂缝灾害危险性分区划分

监测数据处理完成后,需要将监测数据以直观的方式表示出来,以简洁明了的方式得知地裂缝的危害区域,并对相应的危害区域进行等级划分,以便采取相应的防治对策[13]。

13.3　地裂缝的监测

13.3.1　监测内容

1. 一级监测[35]

(1)一级监测应监测地裂缝两盘垂直绝对活动量、水平相对活动量、地裂缝影响带宽度以及建(构)筑物变形量等。

(2)监测方法应采用水准对点监测、短水准剖面监测、三维变形测量仪监测,建(构)筑物变形量宜采用人工简易监测。卫星定位系统监测宜作为辅助监测手段。

(3)水准对点监测和短水准剖面监测应布设测量基准点,测量基准点及监测点的布设、施测的技术要求应符合《国家一、二等水准测量规范》(GB/T 12897—2006)有关规定。

(4)卫星定位系统监测的技术要求应符合《全球定位系统(GPS)测量规范》(GB/T 18314—2009)等技术标准的有关规定。

2.二级监测[35]

(1)二级监测应监测地裂缝两盘相对活动量和建(构)筑物变形量。

(2)地裂缝两盘垂直相对活动量监测应以水准对点监测为主,以卫星定位系统监测为辅;地裂缝两盘水平拉张活动量、水平扭动活动量宜采用卫星定位系统监测。

(3)二级监测的技术要求应符合《国家三、四等水准测量规范》(GB/T 12898—2009)的有关规定。

(4)卫星定位系统监测的技术要求应符合《全球定位系统(GPS)测量规范》(GB/T 18314—2009)等技术标准的有关规定。

3.三级监测[35]

(1)三级监测应监测地裂缝两盘相对活动量。

(2)地裂缝两盘相对活动量宜采用卫星定位系统监测。

(3)卫星定位系统监测的技术要求应符合《全球定位系统(GPS)测量规范 GB/T 18314—2009)等技术标准的有关规定。

13.3.2 监测布设

13.3.2.1 监测点布设原则

(1)监测点的布设应在地裂缝监测分级的基础上进行。

(2)地面变形监测方法可选择短水准剖面监测、水准对点监测、三维变形测量仪监测、卫星定位系统监测等。

(3)由地裂缝活动造成建(构)筑物变形时,应布置简易人工监测点。

(4)由地下水开采诱发或加剧的地裂缝地质灾害活动应布置地下水动态监测点。

13.3.2.2 监测点布设

1.一级监测

(1)沿地裂缝走向,水准对点应按照每千米3~5组布设,短水准剖面应不少于3条。水准对点高程应从国家基准点引测。

(2)沿地裂缝走向,三维变形测量仪仪器站应不少于3座;地裂缝活动速率大于10mm/a

地段,应建立地裂缝三维变形测量仪仪器站。

(3)简易人工监测点根据野外踏勘采集信息布设,一般沿地裂缝走向每千米不少于2个。

(4)卫星定位系统对点监测宜为辅助监测手段,沿地裂缝走向按照每千米2~3组布设监测点。

2. 二级监测

(1)沿地裂缝走向,水准对点按照每千米2~3组布设,卫星定位系统对点监测点应不少于每千米1组。

(2)建(构)筑物人工监测点根据野外踏勘采集信息布设,在建(构)筑物裂缝明显位置布设监测点1~2个。

3. 三级监测

以卫星定位系统监测为主,沿地裂缝走向,卫星定位系统对点监测点每千米不少于1组。

4. 地下水动态监测

(1)应充分利用现有地下水动态监测网。

(2)地下水动态监测网布设应以覆盖地裂缝影响区域各地下水主采(灌)含水层为原则。

(3)监测点(井)应布设在地裂缝的两盘,以垂直于地裂缝走向为主和以平行于地裂缝走向为辅相结合的原则布设监测点(井)。

参考文献

[1] 中华人民共和国国土资源部. 滑坡崩塌泥石流灾害调查规范(1∶50 000):DZ/T 0261—2014[S]. 北京:中国标准出版社,2014.

[2] 中华人民共和国自然资源部. 地质灾害专群结合监测预警技术指南(试行)[R]. 北京:中华人民共和国自然资源部,2020.

[3] 中国地质灾害防治工程行业协会. 地质灾害治理工程施工安全监测规范(试行):T/CAGHP 044—2018[S]. 武汉:中国地质大学出版社,2018.

[4] 中华人民共和国国土资源部. 地质环境监测标志:DZ/T 0309—2017[S]. 北京:中国标准出版社,2017.

[5] 中华人民共和国国土资源部. 崩塌、滑坡、泥石流监测规范:DZ/T 0221—2006[S]. 北京:中国标准出版社,2006.

[6] 中国地质灾害防治工程行业协会. 地质灾害监测预警信息发布规程(试行):T/CAGHP 064—2019[S]. 武汉:中国地质大学出版社,2019.

[7] 许强,殷坤龙,文宝萍,等. 中国地质灾害防治指南[M]. 北京:地质出版社,2023.

[8] 中国地质灾害防治工程行业协会. 地质灾害地面三维激光扫描监测技术规程(试行):T/CAGHP 018—2018[S]. 武汉:中国地质大学出版社,2018.

[9] 彭大雷,许强,董秀军,等. 基于高精度低空摄影测量的黄土滑坡精细测绘[J]. 工程地质学报,2017,25(2):424-435.

[10] 中国地质灾害防治工程行业协会. 地质灾害InSAR监测技术指南(试行):T/CAGHP 013—2018[S]. 武汉:中国地质大学出版社,2018.

[11] 吴星辉,马海涛,张杰. 地基合成孔径雷达的发展现状及应用[J]. 武汉大学学报(信息科学版),2019,44(7):1073-1081.

[12] 党杰,董吉,何松标,等. 机载LiDAR与地面三维激光扫描在贵州水城独家寨崩塌地质灾害风险调查中的应用[J]. 中国地质灾害与防治学报,2022,33(4):106-113.

[13] 中国地质灾害防治工程行业协会. 地裂缝地质灾害监测规范(试行):T/CAGHP 008—2018[S]. 武汉:中国地质大学出版社,2018.

[14] 中国地质灾害防治工程行业协会. 地质灾害地面倾斜监测技术规程(试行):T/CAGHP 051—2018[S]. 武汉:中国地质大学出版社,2018.

[15]中国地质灾害防治工程行业协会.地质灾害地下变形监测技术规程(试行):T/CAGHP 046—2018[S].武汉:中国地质大学出版社,2018.

[16]李果.新型柔性测斜装置深部位移监测工程实例详解[M].成都:西南交通大学出版社,2016.

[17]中国地质灾害防治工程行业协会.地质灾害群测群防监测规范(试行):T/CAGHP 070—2019[S].武汉:中国地质大学出版社,2019.

[18]中国地质灾害防治工程行业协会.崩塌监测规范(试行):T/CAGHP 007—2018[S].武汉:中国地质大学出版社,2018.

[19]中国地质灾害防治工程行业协会.地质灾害深部位移监测技术规程(试行):T/CAGHP 052—2018[S].武汉:中国地质大学出版社,2018.

[20]中国地质灾害防治工程行业协会.地质灾害应力应变监测技术规程(试行):T/CAGHP 009—2018[S].武汉:中国地质大学出版社,2018.

[21]中国地质灾害防治工程行业协会.地质灾害地声监测技术指南(试行):T/CAGHP 029—2018[S].武汉:中国地质大学出版社,2018.

[22]中华人民共和国自然资源部.地面沉降和地裂缝光纤监测规程:DZ/T 0446—2023[S].北京:中国标准出版社,2023.

[23]江苏省市场监督管理局.地质钻孔光纤多参量监测实施技术规范:DB32/T 4403—2022[S].北京:中国标准出版社,2022.

[24]中国地质灾害防治与生态修复协会.中国地质灾害防治指南[M].北京:地质出版社,2023.

[25]JIANG X Z,LEI M T,ZHOU W F,et al. Monitoring and early warning technologies on karst lands: surface collapse and groundwater contamination[M]. Berlin: Springer, 2024.

[26]侯恩科,黄庆享,毕银丽,等.浅埋煤层开采地面塌陷及其防治[M].北京:科学出版社,2022.

[27]中国地质灾害防治工程行业协会.岩溶地面塌陷监测规范(试行):T/CAGHP 075—2020[S].武汉:中国地质大学出版社,2020.

[28]中国地质灾害防治工程行业协会.采空塌陷地质灾害监测规范(试行):T/CAGHP 078—2020[S].武汉:中国地质大学出版社,2020.

[29]中华人民共和国交通运输部.采空区公路设计与施工技术细则:JTG/T D31-03—2011[S].北京:人民交通出版社,2011.

[30]万佳威,李滨,谭成轩,等.中国地裂缝的发育特征及成因机制研究:以汾渭盆地、河北平原、苏锡常平原为例[J].地质论评,2019,65(6):1383-1396.

[31]赵其华,王兰生.构造重力扩展机制的地质力学模拟研究[J].工程地质学报(英文版),1995,3(1):21-27.

[32] PACHECO-MARTINEZ J, HERNANDEZ-MARTIN M, BURBEY T J, et al. Land subsidence and ground failure associated to groundwater exploitation in the Aguascalientes Valley, Mexico[J]. Engineering Geology, 2013, 164: 172-186.

[33] 石玉玲, 门玉明, 彭建兵, 等. 西安城区地裂缝破裂扩展的数值模拟[J]. 水文地质工程地质, 2008, 35(6): 56-60.

[34] 耿大玉. 西安地裂成因力学问题初探[J]. 内陆地震, 1991, 5(4): 305-316.

[35] 陕西省市场监督管理局. 地裂缝监测技术规程: DB61/T 1388—2020[R]. 西安: 陕西省自然资源厅, 2020.